속눈썹 뷰티 디자이너를 위한

속눈썹 디자인

속눈썹 뷰티 디자이너를 위한

속눈썹 디자인

(사)한국메이크업미용사회
유한나, 김성희, 한승희, 김주현 지음

머리말

인류의 역사를 살펴보면 아름다움에 대한 욕구는 늘 존재해왔다. 미(美)의 기준은 시대, 문화, 지역에 따라 조금씩은 다르나 길고 풍성한 속눈썹에 관한 선호는 공통적으로 나타나고 있다. 속눈썹을 가꾸는 것으로 눈을 더 아름답게 표현하고, 메이크업의 완성도를 높일 수 있다.

현대 사회에 이르러 미(美)에 대한 욕구와 더불어 기술의 발달로 인해 다양한 뷰티 관련 기술이 개발되고 있다. 현재 미용업에서는 속눈썹 연장을 메이크업의 영역으로 분류하고 있으며, 인조속눈썹 디자인, 속눈썹 연장, 속눈썹 펌 등 다양한 형태의 속눈썹 디자인이 인기를 끌고 있다. 최근에는 속눈썹 디자인만을 위한 살롱의 형태도 늘어나고 있다.

이 책은 속눈썹 디자인의 기본을 담았다. 속눈썹 관련 학문을 시작하는 학생들과 미용인, 그리고 속눈썹 디자인에 관심을 가지는 일반인들이 쉽게 이해할 수 있도록 이론 지식을 정리하였다. 아울러 사진 및 일러스트 자료를 통해 실기 관련 지식을 쉽게 활용할 수 있도록 하였다. 또한 기본서로 활용될 수 있도록 속눈썹의 개념부터 속눈썹 디자인의 역사, 속눈썹 디자인의 종류와 속눈썹 모(毛), 눈 관련 질환 등의 기초 지식부터 속눈썹 연장 재료 및 도구와 스타일별 속눈썹의 특성을 정리하였고, 속눈썹 연장과 속눈썹 펌의 실기 과정까지 총 4개의 장으로 구성하였다.

저자들 나름대로 속눈썹 디자인에 관하여 쉽게 이해하고 실습할 수 있도록 노력하였으나, 미흡한 부분이 있을 수 있을 것으로 생각하는 바이다. 그에 따른 독자들의 소중한 조언은 다음 개정에 반영할 수 있도록 노력할 것이다.

이 책이 나오기까지 정성을 다해주신 성안당 편집부 직원들과 포토그래퍼 도영찬 실장님, 그리고 (사)한국메이크업미용사회를 이끄시는 금지선 회장님께 감사의 인사를 드리며, 본 서적을 통하여 속눈썹 관련 산업이 더욱 발전하게 되길 기대한다.

2023년 5월
저자 일동

목 차

[Chapter 01] 속눈썹의 이해

01. 속눈썹 디자인의 이해

- ❶ 속눈썹 디자인의 정의 및 기능 • 010
    1. 속눈썹의 정의와 특징 • 010
    2. 속눈썹의 기능 • 011
    3. 속눈썹 디자인의 정의와 특징 • 011
    4. 속눈썹 디자인의 기능 • 011

- ❷ 속눈썹 디자인의 역사와 종류 • 012
    1. 속눈썹 디자인의 역사 • 012
    2. 속눈썹 디자인의 종류 • 015

02. 눈과 속눈썹의 이해

- ❶ 눈의 구조와 특징 • 018
    1. 안구 • 018
    2. 눈의 부속기관 • 020

- ❷ 속눈썹의 구조와 특징 • 021

03. 속눈썹 모(毛)의 이해

- ❶ 모(毛)의 특징 • 022
- ❷ 모(毛)의 이해 • 022
    1. 모(毛)의 구조 • 022
    2. 모(毛)의 부속기관 • 023
- ❸ 속눈썹 모(毛)의 이해 • 024
    1. 속눈썹 모(毛)의 특징 • 024
    2. 속눈썹 모(毛)의 성장주기 • 024

04. 눈과 속눈썹 관련 질환

- ❶ 눈의 질환 • 026
- ❷ 속눈썹 질환 • 028

Chapter 02 속눈썹 연장 재료 · 도구와 디자인

01. 속눈썹 연장의 재료 및 도구

❶ 속눈썹의 재료 • 032
   1. 가모 • 032

❷ 속눈썹의 도구 • 035
   1. 핀셋(Tweezers) • 035
   2. 글루(Glue) • 036
   3. 글루 리무버(Glue Remover) • 036
   4. 전처리제(Pretreatment Drug) • 037
   5. 패치(Patch) • 037
   6. 팔레트(Palette) • 037
   7. 가위(Eyelash Scissors) • 037
   8. 그 외의 재료들 • 038

02. 속눈썹 연장 디자인

   1. 디자인을 위한 준비 • 040
   2. 디자인을 위한 눈의 구조 • 040

03. 눈 형태에 따른 속눈썹 디자인

   (1) 균형 잡힌 기본형 • 042
   (2) 쌍꺼풀이 큰 눈 • 043
   (3) 작은 눈 • 043
   (4) 동그란 눈 • 044
   (5) 길고 가느다란 눈 • 044
   (6) 외겹 눈 • 045
   (7) 올라간 눈 • 045
   (8) 처진 눈 • 046
   (9) 튀어나온 눈 • 046
   (10) 양쪽 눈의 크기가 다른 눈 • 047
   (11) 미간 사이가 넓은 눈 • 047
   (12) 미간 사이가 좁은 눈 • 048

   ▣ 눈 형태에 따른 속눈썹 디자인 실습 • 049

04. 이미지에 따른 속눈썹 디자인

(1) 내추럴 이미지(Natural Image) • 053
(2) 귀여운 이미지(Cute Image) • 054
(3) 엘레강스 이미지(Elegance Image) • 054
(4) 섹시 이미지(Sexy Image) • 054
(5) 모던 이미지(Modern Image) • 055
(6) 화려한 이미지(Showy Image) • 055
(7) 에스닉 이미지(Ethnic Image) • 055

▢ 이미지에 따른 속눈썹 디자인 실습 • 056

[Chapter 03] 속눈썹 연장 실기

01. 속눈썹 연장 준비

1 속눈썹 연장 준비물 • 060
2 속눈썹 연장 사전 준비 • 062
3 시술 준비 및 유의사항 • 063
  1. 속눈썹 연장 실기 준비 • 063
  2. 소독 • 064
  3. 전처리제 처리 • 064
  4. 핀셋 사용법 • 064
  5. 글루 사용법 • 066
  6. 가모 붙이는 방법 • 066

02. 속눈썹 연장 실기

1 속눈썹 연장 유의사항 • 068
2 속눈썹 연장 기본형(부채형) 기준점 • 069

03. 스타일에 따른 속눈썹 연장 실기

1 내추럴 스타일 / 부채꼴 J컬 0.15 (8~12mm) • 070
2 섹시 스타일 J컬 0.15 (9~12mm) • 072
3 큐티 스타일 J컬 0.15/0.20 (9~12mm) • 074
4 볼륨 라운드 스타일 C컬 0.20 (8~12mm) • 076

⑤ 레이어드 스타일 JC컬 0.20 / C컬 0.20 (8~12mm) • 078
⑥ 3D증모 스타일 / J컬 or JC컬 or C컬 0.15 or 0.20 (8~12mm) • 082
⑦ 5D증모 스타일 / J컬 or JC컬 or C컬 0.15 or 0.20 (8~12mm) • 084
□ 스타일에 따른 속눈썹 디자인 실습 • 086

Chapter 04 속눈썹 펌 실기

01. 속눈썹 펌의 개념

02. 속눈썹 펌의 원리
① 속눈썹의 특징 • 093
② 속눈썹 펌제의 화학적인 작용 원리 • 093
  1. 제1액의 환원작용 • 093
  2. 제2액의 산화작용 • 094

03. 속눈썹 펌 준비
① 속눈썹 펌 준비물 • 095
② 속눈썹 펌 사전 준비 • 098

04. 속눈썹 펌을 위한 카운슬링
① 알레르기 및 질환 체크 • 099
② 카운슬링의 방식 • 100

05. 속눈썹 펌의 아름다운 컬링을 위한 필수요소

06. 속눈썹 펌 준비 및 과정
① 시술 전 확인 • 105
② 시술 순서 • 105
③ 속눈썹 컬 시술 전·후에 관한 설명 • 106

07. 속눈썹 펌 실기

부록. 미용사(메이크업) 실기시험(4과제) – **속눈썹 연장** • 117

Chapter

01

속눈썹의 이해

1장에서는 속눈썹과 속눈썹 디자인에 대한 이해를 바탕으로 전반적인 이론에 관하여 숙지한다. 속눈썹 디자인의 정의 및 기능, 속눈썹 디자인의 역사와 종류, 눈과 속눈썹, 속눈썹 모(毛)의 특징, 눈과 속눈썹 관련 질환에 관해서 알아보도록 한다.

01 속눈썹 디자인의 이해

1 속눈썹 디자인의 정의 및 기능

고대로부터 인간은 메이크업을 통해 신체의 아름다움에 대한 욕구를 표현하였으며, 특히 컬러 및 디자인을 다양하게 표현할 수 있는 아이 메이크업은 얼굴 이미지 및 인상을 형성하는데 중요한 요인이다. 아이 메이크업의 일부로 표현되던 속눈썹 디자인은 인조속눈썹을 붙이는 속눈썹 연출에서 속눈썹 연장, 속눈썹 펌(퍼머넌트 웨이브) 등으로 발전하고 있으며, 이에 따라 속눈썹 관련 재료 및 기술도 발전을 거듭하고 있다.

1. 속눈썹의 정의와 특징

① 속눈썹(Eyelashes)이란 눈꺼풀 가장자리를 따라 모낭지선에서 자라는 모(毛)로 첩모(睫毛)라고 불린다.
② 속눈썹은 단백질이 결합된 길고 굵은 털인 경모(Terminal Hair)로 눈의 가운데 부분의 속눈썹이 가장자리 쪽보다 길이가 길고, 눈에서 멀어질수록 휘어진 형태를 가졌다.
③ 속눈썹의 굵기와 길이는 인종, 성별, 나이, 환경 등에 따라 차이가 있으며, 일반적으로 서양 여성이 동양 여성에 비해 속눈썹이 더 굵고 길다.
④ 서양 여성은 숱이 많고 긴 속눈썹이 위를 향해 성장하고, 동양 여성은 상대적으로 숱이 적고 아래로 처진 형태의 곧은 직모가 많다.
⑤ 한국인의 속눈썹 길이는 약 8~12mm 정도로 100~180개 정도가 자라며, 눈의 가운데 부분의 속눈썹이 가장자리 쪽보다 길이가 길다.
⑥ 언더라인 속눈썹은 약 6~8mm로 50~85개 정도가 자란다.

▲ 동양인, 백인, 흑인의 속눈썹

| 동양 여성과 서양 여성의 속눈썹 길이 비교 |

속눈썹의 특징	동양 여성 평균	서양 여성 평균
속눈썹의 길이	8~10mm 정도	12~13mm 정도
속눈썹의 굵기	0.1mm 정도	0.2mm 정도

2. 속눈썹의 기능

① 민감한 눈을 보호하는 역할로 땀과 외부 이물질을 방어하고 차단하는 역할을 한다.

② 눈을 깜빡이게 하는 반사작용을 유발하여 누액(눈물)을 눈 전체에 고르게 분산시킨다.

③ 눈으로 들어오는 강한 빛을 산란시켜 빛의 양을 조절하여 눈을 보호한다.

3. 속눈썹 디자인의 정의와 특징

① 속눈썹의 길이 및 형태를 변형시켜 아름답고 좋은 인상으로 변화시킬 수 있다.

② 속눈썹 연출을 통해 눈 모양의 결점을 보완할 수 있다.

③ 속눈썹 디자인 방법에는 아이래시 컬러(뷰러), 마스카라, 인조속눈썹 연출 등의 메이크업 기법과 속눈썹 연장(延長), 속눈썹 증모(增募), 속눈썹 펌(Permanent Wave) 등의 미용 기술이 있다.

4. 속눈썹 디자인의 기능

① 눈매를 크고 또렷하게 만들고, 눈썹이 풍성해 보이는 효과를 준다.

② 눈의 아름다움을 표현하고 전체적인 얼굴의 이미지 상승효과를 가진다.

③ 얇거나 처진 속눈썹을 선명하고 컬이 있어 보이게 하는 효과를 준다.

④ 양 눈의 크기나 쌍꺼풀 모양이 다를 때, 눈 형태의 수정 및 보완의 도구로 활용된다.
⑤ 아이 메이크업 완성 시간을 줄여주는 효과가 있다.

▲ 인조속눈썹 연출(False Eyelashes)

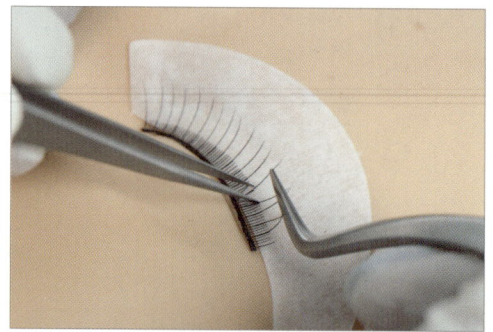
▲ 속눈썹 연장(Eyelashes Extension)

2 속눈썹 디자인의 역사와 종류

속눈썹 디자인은 고대 이집트 시대부터 기록을 찾을 수 있으며, 현대에 이르러 비약적인 발전을 하였다.

1. 속눈썹 디자인의 역사

(1) 고대 이집트

속눈썹 디자인과 관련된 최초 기록은 B.C. 3500년경의 고대 이집트 시대의 것으로 추정하고 있으며, 이집트인들은 코울(Kohl)과 연고, 공작석 가루를 눈 주변과 속눈썹에 발라 눈을 보호하고 건강을 유지하였다고 한다.

(2) 고대 로마

B.C. 700년경의 고대 로마에서는 남·녀 모두 미용을 하였으며, 길고 두껍게 말려 올라간 속눈썹이 미(美)의 특징이었다. 코울(Kohl)과 코르크를 화장품 형태로 만들어 속눈썹에 발라 메이크업하였으며, 속눈썹이 짙어 보이도록 화장하였다.

(3) 중세

중세시대에는 기독교의 금욕주의의 영향으로 여성의 메이크업이 경멸의 대상이 되었다. 희고 창백한 피부에 넓은 이마를 강조하였으며, 중세 말기의 여성들은 속눈썹과 눈썹을 제거하기도 하였다.

▲ 고대 이집트 벽화

▲ 고대 로마 조각

▲ 중세, 로히르 반 데르 바이덴, 〈여인의 초상화〉

(4) 근세

엘리자베스 1세 여왕의 메이크업이 영국과 유럽의 여성들에게 유행하였다. 붉은 황금색 계열의 모발색과 속눈썹이 유행하였고, 색상을 표현하기 위해 속눈썹을 염색하기도 하였다.

(5) 근대

화장품이 본격적으로 사용되기 시작한 것은 근대 낭만주의 시대부터였다. 영국의 빅토리아 여왕은 석탄가루와 바셀린으로 만든 마스카라를 사용하였다.

▲ 근세, 엘리자베스 1세 여왕

▲ 근대, 빅토리아 여왕

(6) 현대

① 1913년 약사였던 미국의 토마스 L. 윌리엄스(Thomas L. Williams)가 동생 메이블을 위한 고형의 속눈썹 화장품을 만든 것이 현대 마스카라 제품의 시초이다. '래쉬 브로우 인(Lash-Brow-Ine)'은 바셀린 젤리와 분탄을 혼합하여 만든 제품이었다. 메이블린 마스카라는 출시됨과 동시에 엄청난 판매량을 기록하였다.

② 1902년 칼 네슬레(Karl Nessler)는 헤어 퍼머넌트 웨이브 기기 개발에 이어 직물로 인조속눈썹을 제작하여 판매하였다. 1916년 미국의 영화감독 데이비드 그리피스(David W. Griffith)에 의해 영화배우들에게 인조속눈썹이 제안되었으나 인기를 얻지는 못했다.

③ 1923년 찰스 W. 스티클(Charles W. Stickel)의 컬래쉬(Kurlash), 1931년에는 윌리엄 맥도넬(William McDonell)에 의해 스테인리스로 만든 아이래시 컬러(Eyelash Curler)가 개발되었다.

▲ 1917년 '래쉬 브로우 인
(Lash-Brow-Ine)'

▲ 찰스 네슬러가 개발한
'네스토 래시(Nesto Lashes)'

▲ 컬래쉬(Kurlash) 광고

④ 1940~1950년대 리타 헤이워드, 마릴린 먼로 등의 영화배우에 의해 일회용 인조속눈썹이 대중화되었다.

⑤ 1950년대에는 플라스틱 소재의 인조속눈썹에 글루를 사용하여 속눈썹 가까이에 붙여 속눈썹이 길어 보이게 하는 메이크업 기법이 유행하였다.

⑥ 1960년대 영국의 모델 트위기는 아이홀 메이크업에 인조속눈썹을 붙이거나 아이라인으로 인위적으로 그린 속눈썹을 유행시켰다.

▲ 1940년대 리타 헤이워드

▲ 1950년대 마릴린 먼로

▲ 1960년대 트위기

⑦ 1970년대에 이르러 신부 메이크업 등에 활용되며 일반인에게도 일회용 인조속눈썹을 붙이는 것이 유행하기 시작하였다.

⑧ 1980~1990년대에는 일회용 인조속눈썹을 잘라 가닥가닥 붙이는 속눈썹인 인디비주얼 래쉬(Indivisual Lashes)가 사용되며 자연스러운 인조속눈썹 부착 기법이 유행하였다.

⑨ 2000년대에는 속눈썹 연장(Eyelashes Extension) 기술이 등장하였고, 2003년경부터 한국에서는 속눈썹 연장이 본격적으로 이루어지기 시작하였다. 합성 실크, 밍크 폴리에스테르, 인모 등의 다양한 소재의 가모를 속눈썹에 한 올 한 올 연장하는 기술이 여성들 사이에 인기를 끌었다.

⑩ 2010년대에는 펌(Permanent Wave)제를 사용한 속눈썹 펌이 등장하였다. 속눈썹에 컬을 주어 세안 후에도 속눈썹이 올라가 있도록 하는 방식으로 3~4주 동안 속눈썹 컬의 효과가 지속되는 특징이 있다.

 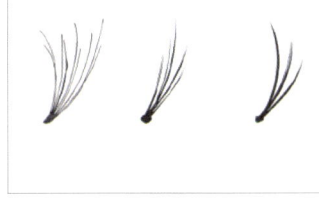 

▲ 인조속눈썹(Strip Type)   ▲ 가닥 속눈썹(Individual Type)   ▲ 속눈썹 연장(Eyelashes Extension)

2. 속눈썹 디자인의 종류

속눈썹은 눈의 보호 기능뿐만 아니라 미화 기능을 가진 부위로 눈을 아름답게 꾸미는데 그 목적이 있다. 속눈썹 디자인의 종류로는 아이래시 컬러, 마스카라, 인조속눈썹, 속눈썹 연장 및 펌(퍼머넌트 웨이브) 등이 있다.

(1) 아이래시 컬러(Eyelash Curler)

아이래시 컬러는 속눈썹에 컬링을 만들어주는 미용기구로 뷰러(Beaula)라고도 불린다. 눈두덩이를 밀어 올리듯 들어 올리고, 아이래시 컬러로 속눈썹 뿌리부터 속눈썹이 꺾이지 않도록 3회 이상 나누어 컬을 잡아준다.

아이래시 컬러는 눈의 형태, 길이에 따라 다양한 디자인이 출시되고 있으며, 주로 속눈썹 전체를 감싸는 크기로 출시된다. 최근에는 속눈썹의 일부 부위만을 컬링하는 스몰 뷰러(Small Beaula, 부분 뷰러)도 출시되고 있다.

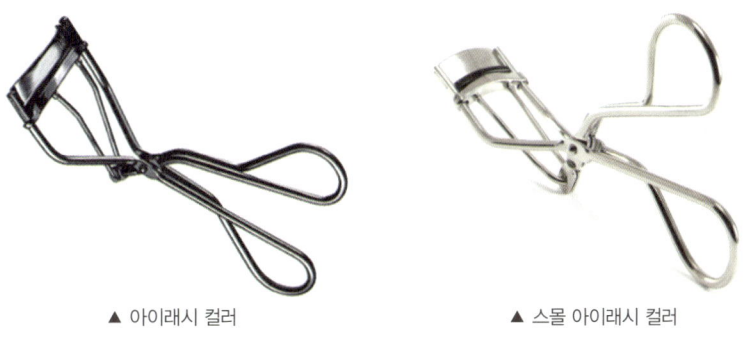

▲ 아이래시 컬러   ▲ 스몰 아이래시 컬러

(2) 마스카라(Mascara)

마스카라는 속눈썹을 길고 풍성하게 표현하며 눈을 크게 표현하기 위하여 사용하는 메이크업 제품이다. 내장된 마스카라를 사용하여 속눈썹에 발라 사용하며, 민감한 눈 주위에 사용하므로 독성, 자극성이 없는 안전한 성분을 함유한 제품의 선택이 필요하다.

최근에는 휘발성 유제형의 제품이 주류를 이루고 있으며, 1~3mm 정도의 짧은 섬유소를 배합하여 속눈썹을 길어 보이게 하는 롱래시 마스카라(Long Lashes Mascara)도 있다.

| 마스카라의 종류와 특징 |

마스카라 종류	특 징
볼륨 (Volume) 마스카라	솔이 통통한 디자인으로 속눈썹의 숱이 풍성하고 진해 보이게 한다.
컬링 (Curling) 마스카라	속눈썹의 뿌리부터 정교하게 속눈썹을 올려 주는 효과가 있어 속눈썹이 처진 사람에게 좋다. 오랜 시간 컬을 유지해준다.
롱 래시 (Long lashes) 마스카라	나선형 솔을 사용하며, 섬유소가 들어 있어 화이버 마스카라(Faber Mascara)라고도 부른다. 속눈썹을 길어 보이게 하나 잘 엉겨 붙거나 섬유소가 눈 밑에 떨어질 수 있다는 단점이 있다.
투명 (Clear) 마스카라	젤 타입으로 눈썹 영양제 역할을 한다. 마스카라가 눈 밑에 잘 번지는 경우 마스카라 위에 코팅 효과로 사용한다. 눈썹 결을 정리할 때 쓰이기도 한다.
워터프루프 (Water Proof) 마스카라	물이나 땀에 강하고 건조가 빨라 물이 닿아도 메이크업의 효과가 오래 유지될 수 있다. 지울 때는 아이리무버를 사용하는 것이 좋다.

(3) 인조속눈썹(False Eyelashes)

미리 가공된 인조속눈썹에 접착풀을 이용하여 붙여 속눈썹이 길어 보이게 하는 아이 메이크업 기법이다. 인조속눈썹의 길이와 굵기, 색상, 형태에 따라 속눈썹이 길고 풍성해 보이며 눈매가 또렷하고 커 보이는 효과가 있다. 메이크업을 지울 때 함께 제거한다.

▲ 인조속눈썹(Strip Type)

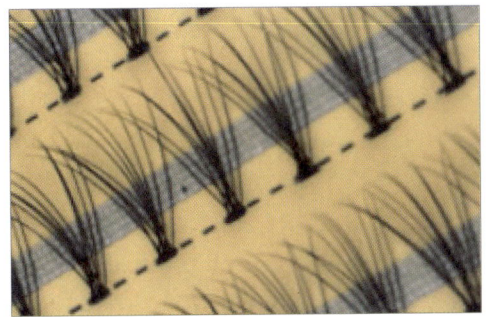
▲ 가닥 속눈썹(Individual Type)

(4) 속눈썹 연장

기존 속눈썹 위에 인조속눈썹(가모, 假毛)을 한 올 한 올 연장해 붙이는 기술이다. 짧은 속눈썹을 길어 보이게 하는 속눈썹 연장(延長)과 속눈썹을 풍성하게 보이게 하는 속눈썹 증모(增募)로 분류된다. 관리 방법에 따라 2~6주 정도 지속이 가능하며, 리터치(retouch)를 통해 유지 기간을 연장할 수 있다.

(5) 속눈썹 펌

속눈썹 전용 퍼머넌트 웨이브 1제와 2제를 사용하여 속눈썹을 반영구적으로 컬링하는 것을 속눈썹 펌(Permernent Wave)이라 한다. 속눈썹 컬은 3~4주 정도 지속되며, 유지기간은 개인의 속눈썹 길이와 두께, 관리 방법에 따라 차이가 있을 수 있다.

▲ 속눈썹 연장

▲ 속눈썹 증모

▲ 속눈썹 펌

| 속눈썹 디자인의 종류 |

종 류	특 징
인조속눈썹 연출	가닥 속눈썹(Individual Type)과 일자 속눈썹(Strip Type) 등에 속눈썹 풀을 발라 눈에 부착하는 것으로 일반적인 메이크업 기법에서 사용된다.
속눈썹 연장(延長)	기존의 짧은 속눈썹에 가모(假毛)를 붙여 속눈썹의 길이를 길게 늘이는 기술이다.
속눈썹 증모(增募)	기존의 숱이 적은 속눈썹에 가모(假毛)를 붙여 속눈썹의 숱을 풍성하게 보이도록 하는 기술이다.
속눈썹 펌(Permanent Wave)	속눈썹에 펌(Permanent Wave)제를 사용하여 컬(Curl)을 만드는 기술이다.

02 눈과 속눈썹의 이해

1 눈의 구조와 특징

눈은 안구(Eyeball)와 눈의 부속기관으로 분류된다.

1. 안구(Eyeball)

안구는 시각을 담당하는 부위로 지방과 결합조직에 둘러싸여 있고, 공기에 노출된 앞부분은 눈꺼풀에 의해 보호를 받는다. 눈은 각막, 동공, 홍채, 수정체, 망막 등의 부위로 구성되어 있다.

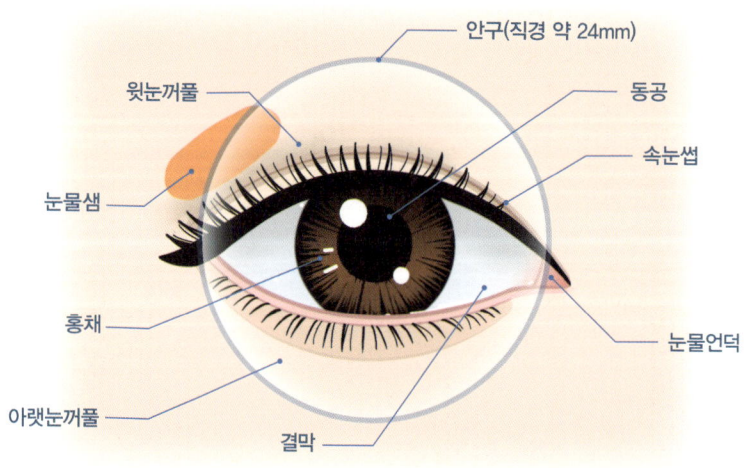

▲ 눈의 구조(앞)

① 각막(Cornea): 홍채와 동공을 보호하는 눈 앞쪽의 투명한 막으로 공기에 노출되는 안구의 부분이다. 외부 자극으로부터 눈을 보호하는 역할을 한다.
② 동공(Pupil): 홍채 안쪽 중앙의 비어 있는 공간으로 안구 안쪽으로 빛이 들어오게 되는 부위이다. 서양인의 경우 동공이 푸르거나 갈색기를 띠는 경우가 많고, 동양인의 경우 대체로 동공은 검은색

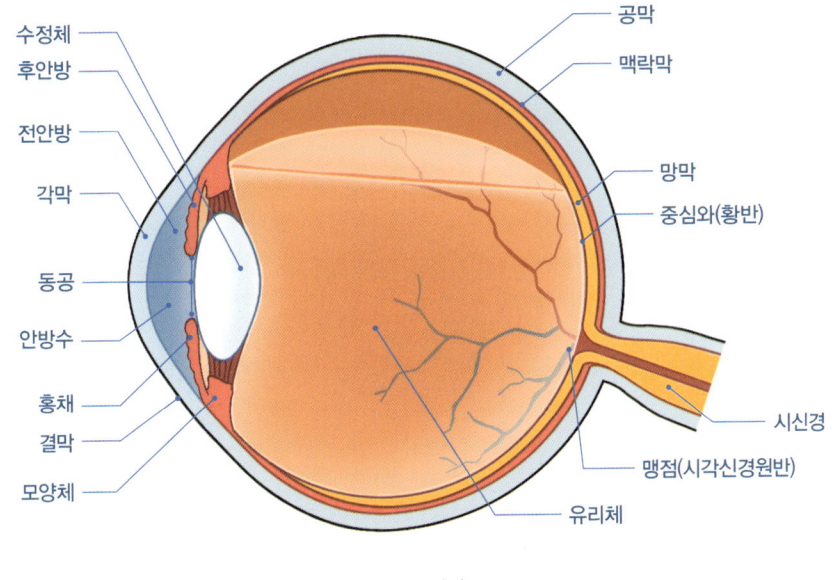

▲ 눈의 구조(옆)

으로 보인다. 빛의 양에 따라 동공의 크기는 달라지며, 일반적으로 어두울 때 동공이 커지고, 밝을 때 작아지게 된다.

③ 홍채(Iris): 빛의 강약에 따라 동공 크기를 조절해 눈으로 들어오는 빛을 조절하는 기능을 하는 부위이다. 홍채는 사람마다 다른 색채와 무늬를 가지고 있어 홍채인식 등의 기술에 응용되기도 하고, 퍼스널컬러를 진단하는 요소로 응용되고 있다. 카메라의 조리개 역할과 유사하다.

④ 수정체(Lens): 앞·뒤가 볼록한 투명한 렌즈 형태의 조직으로 빛이 투과할 때 빛을 한 곳에 모이게 하여 망막에 도달하도록 하는 역할을 한다. 물체의 거리에 따라 수정체의 두께가 조절되고, 수정체의 두께 변화에 따라 빛이 굴절되는 정도가 달라지며 망막에 상(像)이 맺히게 된다.

⑤ 망막(Retina): 상(像)이 맺히는 부분으로 안구의 가장 안쪽을 덮고 있다. 빛에 대한 정보를 시신경에 전달하는 카메라의 필름과 같은 역할이며, 망막 주변에는 간상체와 추상체라는 시세포가 있어 색의 명암과 색상을 구별할 수 있다.

　㉠ 간상체: 빛의 명암을 주로 판단하는 막대 모양의 시세포로 망막 주변부에 약 1억 2천만 개가 넓게 분포되어 있다. 어두운 곳에서는 주로 간상체가 활동하게 되며, 추상체보다 빛의 세기에 민감하다.

　㉡ 추상체: 망막의 중심부에 밀집된 원뿔 모양의 시세포로 약 650만 개가 존재한다. 주로 밝은 곳에서 작용하며 색상을 판단하게 되고, 노란색에 가까운 560nm의 빛(가시광선)에서 가장 민감한 반응을 일으킨다.

⑥ 중심와(Fovea): 망막 중심의 오목한 부분을 중심와(황반)라 부른다. 중심와에는 색상을 구분하는 추상체만 밀집되어 있으므로, 중심와에 상이 맺히면 가장 자세하게 보인다.

⑦ 공막(Sclera): 안구의 대부분을 싸고 있는 흰색의 불투명한 막으로 눈의 흰자 위에 해당하는 부분이다. 안구를 보호하고 형태를 유지하는 기능을 한다.

⑧ 맥락막(Choroid): 공막과 망막 사이의 중간층을 형성하는 막으로 혈관과 멜라닌세포가 많이 분포하며, 외부에서 들어온 빛이 분산되지 않도록 막는 역할을 한다.

⑨ 맹점(Blind Spot): 망막 부분에 위치하지만, 안구에서 뇌로 연결되는 시신경 다발이 뭉쳐 있는 부위라 시세포가 없어 상(像)이 맺히지 않는다. 수정체에 의해 망막에 닿도록 조절된 빛도 맹점에 닿으면 보이지 않게 된다.

⑩ 유리체(Vitreous Body): 안구 내용물 중 가장 큰 부피를 차지하며, 무혈관성의 투명한 젤 형태로 안구 내부 공간을 채우고 있는 부분이다.

⑪ 안방수(Aqueous Humor): 각막과 홍채, 홍채와 수정체 사이를 가득 채운 투명한 액이다.

⑫ 전안방(Anterior Chamber): 수정체와 각막 사이의 빈 공간 중 홍채보다 앞쪽의 넓은 공간을 전안방이라 한다. 투명한 물과 같은 액으로 차 있다.

⑬ 후안방(Posterior Chamber): 수정체와 각막 사이의 빈 공간 중 홍채보다 뒤쪽의 넓은 공간을 후안방이라 한다. 투명한 물인 방수가 채워져 있다.

2. 눈의 부속기관

① 안와(Orbit): 머리뼈 속 안구가 들어가는 공간으로 안구를 보호하는 역할을 한다.

② 눈꺼풀(Eyelid): 안구의 앞부분을 덮고 있는 위아래 두 장의 주름이 있는 피부로, 카메라의 렌즈 뚜껑과 같은 기능을 한다. 외부로부터 이물질 침입을 방어하고, 눈 표면을 보호한다.

③ 속눈썹(Eyelashes): 눈꺼풀 가장자리에 나 있는 길이 8~12mm 정도의 첩모(睫毛)로 땀과 외부 이물질을 방어하고 차단하는 역할을 한다.

④ 결막(Conjunctiva): 눈꺼풀의 안쪽과 안구의 흰 부분을 덮고 있는 얇고 투명한 점막으로 눈을 보호하는 기능을 하며, 결막을 이루는 일부 세포는 눈물 성분 중 점액을 만들어 분비한다.

⑤ 눈물기관(Lacrimal System): 각막의 표면을 유지하고 이물질, 노폐물을 세척, 항균작용을 하는 눈물을 만들어 분비하고 배출하는 기관이다.

⑥ 안근(Ocular Muscle): 눈과 눈꺼풀의 운동을 담당하는 근육으로 자율신경계의 영향을 받는 내안근과 눈의 운동을 관장하는 외안근으로 구분된다. 대표적인 내안근으로는 맥락막과 홍채의 가장자리를 잇는 직삼각형의 조직으로 수정체의 두께를 조절하는 조직인 모양체(Ciliary Body)가 있다.

2. 속눈썹의 구조와 특징

속눈썹(Eyelashes)이란 눈꺼풀 가장자리에 나 있는 길이 6~12mm 정도의 첩모(睫毛)로 땀과 외부 이물질을 방어하고 차단하는 역할을 한다.

① 속눈썹은 눈의 위·아래 눈꺼풀에 위치하는 6~12mm 정도의 털로 첩모(睫毛)라고 한다.
② 땀, 먼지, 티끌 같은 이물질과 곤충, 진드기 등이 인체에서 가장 예민한 눈으로 들어가지 못하도록 보호하는 기능을 가진다.
③ 속눈썹은 짧고 구부러진 모양의 파상모로 윗눈꺼풀의 속눈썹은 아랫눈꺼풀의 속눈썹보다 길고 개수도 많으며 위를 향해 컬이 형성되어 있고, 아랫눈꺼풀은 아래를 향해 컬이 형성된다.
④ 눈의 가운데 부분의 속눈썹이 가장자리 쪽보다 길이가 길다.
⑤ 인종, 성별, 나이에 따라 속눈썹의 길이, 형태, 컬의 정도는 다르다. 한국인의 평균적인 속눈썹 길이를 살펴보면 속눈썹이 짧은 경우 약 6~7mm, 긴 경우 8~12mm 내외의 길이 특징을 보인다.
⑥ 속눈썹의 수량은 개개인별로 차이가 크며, 한국인의 평균적인 속눈썹 수량을 살펴보면 윗눈꺼풀에 약 100~180개, 아랫눈꺼풀에 약 50~85개의 속눈썹이 자란다.

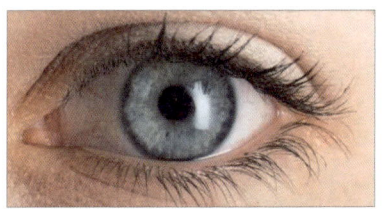
▲ 서양인의 속눈썹

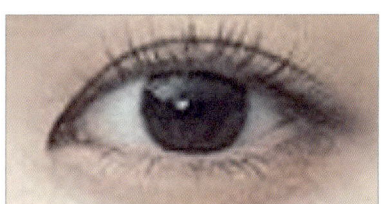
▲ 동양인의 속눈썹

03 속눈썹 모(毛)의 이해

1 모(毛)의 특징

① 모(毛, 털)는 피부가 진화하여 생긴 피부의 부속기관으로 포유동물만의 특징이다.
② 피부의 표피층에서 발생하며 손바닥, 발바닥, 입술, 유두, 점막, 음부를 제외한 전신에 분포한다.
③ 모(毛)는 케라틴 단백질로 구성되어 있으며, 일반적인 수명은 3~6년이다.
④ 모(毛)의 수분 함량은 12% 정도이고 1일 약 0.34~0.35mm, 한 달에 1~1.5cm 정도 자란다. 모(毛)의 성장 속도는 인종, 나이, 환경에 따라 차이가 있다.
⑤ 체온 조절 기능, 자외선 및 외부 물질로부터 보호, 통각과 촉각을 전달하는 감각 기능, 미용적 효과의 미화 기능 등의 기능이 있다.

2 모(毛)의 이해

1. 모(毛)의 구조

모발은 모근부와 모간부로 분류되며, 멜라닌 색소에 의해 색이 결정된다. 스트레스, 영양부족, 질환, 유전 등의 원인에 의해 탈모가 일어날 수 있다.

① 모근부: 두피의 조직이 붙어 있는 부분으로 둥글게 부풀려져 있는 모구에 모세혈관과 모유두, 모모세포가 존재한다. 모모세포는 모발을 만드는 세포이며, 모유두는 모발의 성장을 조절하고 모구에 산소와 영양을 공급한다.
② 모간부: 모근부 이외의 부분으로 모발의 표피 외부로 나와 있는 부분으로 모표피, 모피질, 모수질의 3개의 층으로 구성되어 있다. 가장 바깥 부분을 모표피, 가장 안쪽 부분을 모수질이라 부르며, 모피질은 머리카락에서 가장 많은 비율을 차지하는 부분으로 멜라닌 색소가 있어 모발색을 결정짓는다.

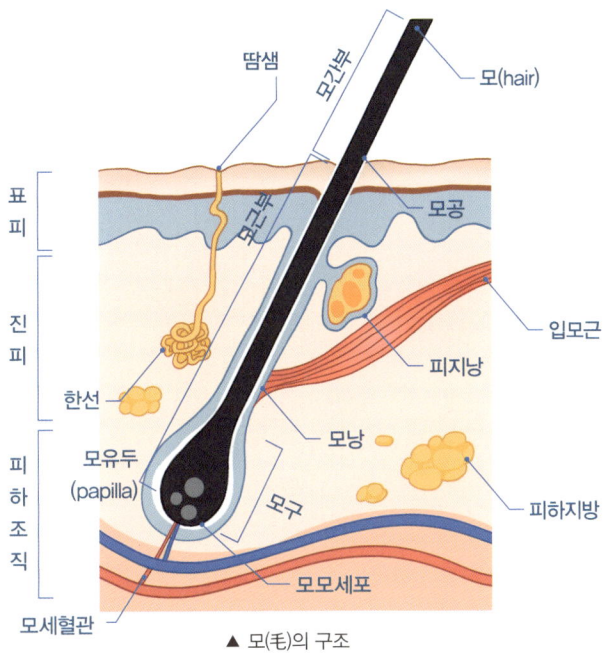

▲ 모(毛)의 구조

2. 모(毛)의 부속기관

(1) 피지선(Sebaceous Gland)

피부 부속선의 하나로 손, 발바닥을 제외한 전신에 분포하며 주로 두피, 얼굴, 가슴에 분포하고 있다. 피지선에서 만들어진 피지의 1일 분비량은 1~2g이며, pH 4.5~5.5의 약산성으로 보호막을 형성한다. 피지의 일부는 모(毛)를 미끄럽게 하며 모를 보호하고, 일부는 모낭벽을 따라 피부 표면에 퍼져 피부를 촉촉하게 하여 외부로부터 보호하며 살균, 소독, 보습의 역할을 한다.

(2) 한선(Sweat Gland)

땀을 분비하는 외분비선(外分泌腺)으로 땀샘이라고도 한다. 인체에는 약 200만 개 이상의 한선이 분포되어 있으며, 하루 땀 분비량은 성인 기준 1.5ℓ이다. 크게 대한선(아포크린선)과 소한선(에크린선)으로 분류된다.

① 대한선(大汗腺, 아포크린선): 모낭에 부착된 나선형 구조로 진피의 깊숙한 곳에서 분출되며, 냄새가 있는 점성이 있는 땀을 분비한다. 주로 겨드랑이, 귀 주변, 생식기 주변, 유두와 배꼽 주변에 분포한다. 또한 성호르몬의 영향으로 사춘기 이후 주로 분포되며 인종에 따라 흑인 > 백인 > 동양인의 순으로 분출되는 차이가 있다.

② 소한선(小汗腺, 에크린선): 냄새가 없는 땀을 분비하며 입술, 손톱, 음부 등을 제외한 전신에 분포하고, 체온을 유지해주는 기능을 한다. 소한선은 손바닥, 발바닥에 가장 많이 분포되어 있고, 이마, 뺨, 몸통, 팔, 다리 순으로 분포도를 보인다.

(3) 입모근(Arrector Pilorum Muscle)

입모근(立毛筋)은 모근의 경사면에 나타나며 교감신경의 지배를 받는다. 교감신경의 흥분이나 한랭 등의 원인으로 수축하면 털을 직립에 가까운 상태로 세우고, 동시에 피지선을 압박하여 피부 표면에 좁쌀 모양의 소융기(Goose Skin)를 형성한다. 체온 조절의 기능이 있다.

3 속눈썹 모(毛)의 이해

1. 속눈썹 모(毛)의 특징

① 속눈썹은 단백질이 결합된 길고 굵은 털인 경모(Terminal Hair)이다.
② 눈의 가운데 부분의 속눈썹이 가장자리 쪽보다 길이가 길고, 눈에서 멀어질수록 휘어진 형태를 가졌다.
③ 속눈썹의 굵기와 길이는 인종, 성별, 나이, 환경 등에 따라 차이가 있으며, 평균적인 한국인의 속눈썹 두께는 0.1~0.15mm이다.
④ 일반적으로 속눈썹 길이는 약 8~12mm 정도로 100~150개 정도가 자란다.
⑤ 언더라인 속눈썹은 약 6~8mm로 50~75개 정도가 자란다.
⑥ 속눈썹은 하루에 약 0.1~0.18mm 정도, 한 달에 약 5.4mm 정도로 성장한다.

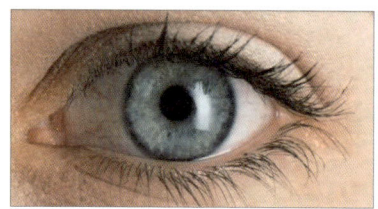 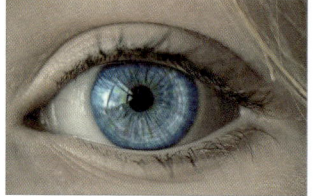

▲ 성인의 속눈썹　　　　　▲ 아동의 속눈썹

2. 속눈썹 모(毛)의 성장주기

① 속눈썹의 성장은 생장기, 퇴행기, 휴지기의 3단계로 이루어진다.
② 속눈썹은 보통 3~6개월의 주기로 생성과 자연적인 탈락을 반복한다.
③ 속눈썹의 수명은 약 4~11개월로 속눈썹의 생성 속도와 기간, 수명은 사람마다 다르다.
④ 길이가 다 성장한 속눈썹은 성장을 멈추고 굵기가 굵어지므로 같은 길이의 속눈썹이더라도 두께가 두꺼운 것이 오래된 속눈썹이며 먼저 탈락하게 된다.
⑤ 모낭이나 눈꺼풀에 손상 없이 속눈썹만 끊어졌을 때는 보통 6주 정도 걸려 다시 자라나지만, 뽑힌 속눈썹 자리에 다시 성장하는 것은 대략 7~8주 이상이 소요된다. 지속적으로 속눈썹이 뽑힌 자리는 영구적인 손상을 입을 수 있다.

| 속눈썹의 성장주기와 특징 |

속눈썹 성장주기	특 징
생장기	속눈썹이 활발하게 자라는 시기로 약 4~10주 동안 하루에 약 0.1~0.18mm정도가 자란다. 눈썹의 80~90% 이상의 눈썹이 생장기에 속한다.
퇴행기	속눈썹의 성장이 멈추고 모낭이 축소되는 단계이다. 성장기 이후 속눈썹의 형태를 유지하는 기간이며, 퇴행기는 약 2~3주 정도 지속된다. 이 단계에서 속눈썹이 빠지면 바로 다시 자라나기 어렵다.
휴지기	속눈썹이 자연 탈모되고 다시 성장하기까지의 기간으로 약 2주~3개월 정도 지속된다. 휴지기 동안 모낭은 새로운 성장을 위한 준비를 하며, 속눈썹의 완벽한 대체는 약 4~8주 정도의 시간이 걸리게 된다.

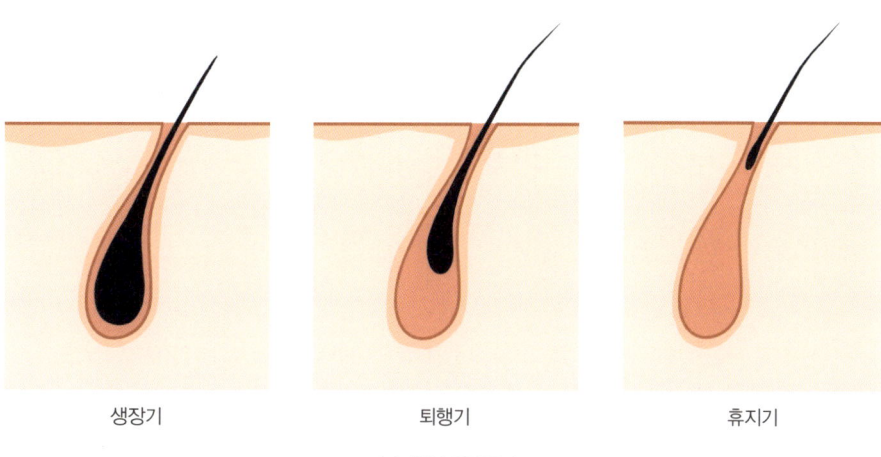

생장기　　　　　　　퇴행기　　　　　　　휴지기

▲ 속눈썹의 성장주기

04 눈과 속눈썹 관련 질환

속눈썹 시술 시에는 눈의 상태와 속눈썹의 상태를 먼저 살펴보는 것이 필요하다.
눈과 속눈썹에 질환이 있는 경우에는 속눈썹의 탈모가 일어나거나 속눈썹이 자라지 않는 경우도 있고, 매우 예민한 상태일 수 있으므로 속눈썹 연장 및 속눈썹 펌의 시술에 더욱 주의를 기울여야 한다. 질환이 심한 경우 시술을 하지 않는 것이 좋다.

1 눈의 질환

(1) 결막염(Conjunctivitis)
결막은 외부에 노출된 눈의 부속기관으로 눈물의 점액층을 생성하고, 안구 표면을 보호하기 위한 면역 기능에 관여하며, 미생물 등의 외부 물질로부터 눈을 보호하는 기능을 한다. 세균, 바이러스, 진균 등의 미생물과 먼지, 꽃가루, 화장품, 약품에 의해 결막에 염증이 생긴 상태를 결막염이라 한다.

(2) 백내장(Cataract)
안구의 수정체가 혼탁해져서 시력장애를 일으키는 질병이다. 눈으로 들어온 빛이 수정체를 제대로 통과하지 못하게 되어 시야가 뿌옇게 보이는 증상이 나타난다. 노화를 비롯한 다양한 원인이 있으며, 심해지면 실명하게 된다.

(3) 녹내장(Glaucoma)
시신경 위축증의 형태를 띠면서 망막 신경총세포를 포함 시신경에 생기는 질환의 총칭이다. 주로 안구 안의 안방수의 증가로 인한 압력 상승과 관련이 있으며, 치료되지 않은 녹내장은 시력 저하에 영향을 준다.

(4) 황반변성(Macular Degeneration)

노화, 유전, 염증 독성 등에 의해 망막의 중심부에 위치한 신경조직인 황반에 이상이 일어나는 현상이다. 망막에 노란 침착물이 시력을 방해하고, 심할 경우 실명에 이르게 된다.

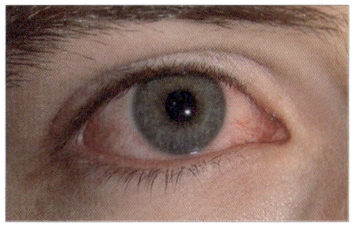
▲ 결막염

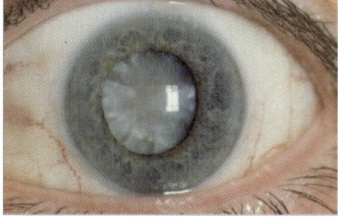
▲ 백내장

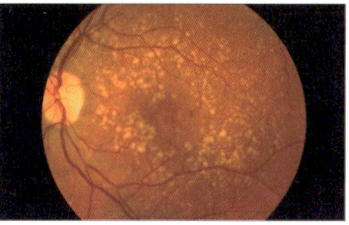
▲ 황반변성

(5) 사시(Strabismus)

사물을 볼 때 두 눈이 한 방향으로 정렬되지 않은 질환이다. 사시의 원인은 정확히 알 수 없지만, 뇌의 시각기능 중추에 장애가 생겨 생기는 것으로 알려져 있다.

(6) 약시(Amblyopia)

한쪽 또는 양쪽 눈의 시력이 낮게 나타나는 증상을 보이는 시각계통의 질병이다. 망막질환이나 시신경 질환에 의한 약시, 굴절 이상성 약시, 양쪽 눈의 시력이 크게 차이가 발생하는 부동성 약시 등의 다양한 원인에 의해 약시가 나타나고 있으며, 전체 인구 중 약 1~5%에서 발견되고 있다.

(7) 안검이완(Blepharochalasis)

눈꺼풀피부늘어짐증 또는 눈꺼풀피부처짐증이라고도 하며, 눈꺼풀 피부를 포함한 연부조직(soft tissue)이 처진 상태를 말한다. 노화, 눈의 지속적인 부종, 눈꺼풀의 반복적인 염증 등의 원인에 의해 피부 탄력이 떨어지면서 눈꺼풀이 처지는 현상이다.

(8) 안검외반(Ectropion)

눈꺼풀겉말림이라고 하며, 아랫눈꺼풀이 밖으로 말려서 드러나는 현상이다. 아랫눈꺼풀 조직이 약해지거나 노화, 유전 등의 원인으로 나타나며 수술을 통해 치료할 수 있다.

(9) 안검하수(Ptosis)

눈꺼풀처짐이라고 하며, 위 또는 아랫눈꺼풀이 처지는 현상으로, 윗눈꺼풀이 눈의 검은자 윗부분을 3mm 이상 가려 시야를 가리는 증상이다. 선천적 또는 노화에 의한 눈꺼풀올림근 등의 근육의 문제로 눈을 뜨는 힘이 약해지거나 눈꺼풀 피부 탄력의 저하로 피부가 축 늘어지면서 눈을 덮는 경우 등이 있다.

(10) 토끼눈증(Lagophthalmos)
눈꺼풀을 완전히 닫지 못하는 증상을 말한다. 수면 중의 토끼눈증은 야행성 토끼눈증이라 일컫는다.

(11) 안구진탕증(Nystagmus)
눈동자떨림증으로 무의식적으로 눈이 경련을 일으키듯 떨리고 움직이는 증상을 말한다. 반고리관 또는 전정기관의 문제가 있을 수 있으며 시각장애를 일으키고, 실명에 이르기도 한다.

(12) 유루증(Epiphora)
눈물흘림증이라고도 하며, 눈물이 많이 나와 눈 밑이 젖어 있는 상태를 말한다. 알레르기, 감염, 속눈썹의 찌름, 눈꺼풀의 이상 등의 다양한 원인이 있으며, 속눈썹 찌름에 의한 유루증인 경우 비정상적인 속눈썹을 뽑아 제거하는 것이 좋다.

2 속눈썹 질환

(1) 첩모탈락증(Madarosis)
탈모증, 뇌하수체 기능 저하, 갑상선 기능 저하, 잘못된 화장품 사용 등에 의한 부작용으로 나타나는 질환으로 '속눈썹탈락증'이라고도 한다. 모낭충 또는 악성 종양에 의해 발생하는 예도 있다.

(2) 첩모난생증(Trichiasis)
속눈썹이 안구 쪽을 향해 자라는 것으로 속눈썹이 각막을 찔러 이물감이 느껴지고 눈물이 나게 되는 질환으로 '속눈썹난생증'이라고도 한다. 선천적인 형태적 결함, 감염, 염증, 질환, 외상 등의 다양한 원인에 의해 발생하며, 속눈썹 전기 분해 또는 쌍거풀 수술(안검형성술) 등으로 교정할 수 있다.

(3) 이열첩모(Distichiasis)
마이봄샘의 변이로 두 번째 속눈썹 줄의 속눈썹의 일부 또는 전체가 안구를 찌르게 되는 질환으로 '두줄속눈썹'이라고 한다. 선천적인 경우가 많으며, 화장품 알레르기 반응, 외상 등의 원인에 의해 발생하기도 한다. 냉동 치료 및 수술적 치료법으로 교정하기도 한다.

(4) 다래끼(Hordeolum)
피지선 또는 땀샘의 감염에 의해 나타나는 급성 화농성질환으로 일반적으로 일주일 이내에 사라진다. 짜이스샘이나 몰샘에 생기면 겉다래끼, 마이봄샘에 생기면 속다래끼(맥립종)라고 부른다.

(5) 모낭충(Demodex)

모낭 안쪽에 모낭충이 기생하여 나타나는 피부질환으로, 모낭충은 길이가 0.1~0.4mm로 얼굴 피부의 모낭과 피지선을 뚫고 모낭으로 들어간다. 모낭 속 피지와 노폐물의 영양으로 기생하며 탈모뿐만 아니라 여드름 및 각종 피부질환을 유발한다.

(6) 안검염(Blepharitis)

눈꺼풀과 속눈썹이 위치한 눈꺼풀 테두리에 염증이 생기는 질환으로 지루성 피부염, 포도상구균 등의 병원 미생물에 의한 감염, 화장품 알레르기 반응, 외상 등의 여러 가지 원인에 의해 발생할 수 있다. 발적과 부종, 가려움, 딱지가 생기거나 진득한 눈곱이 생기고, 충혈, 이물감 및 눈물 흘림 등의 안구 표면 자극 증상이 나타날 수 있다.

(7) 백색증(Albinism)

멜라닌세포에서 멜라닌 합성이 결핍되는 선천성 유전질환으로 신체의 일부 또는 전체에 색소가 없는 현상이다. 주로 피부, 털에 색소가 없어 희게 나타나며, 눈에서만 나타나는 눈 백색증으로 나타나기도 한다. 모발과 속눈썹에 나타나는 백색증은 백모증이라 하기도 한다.

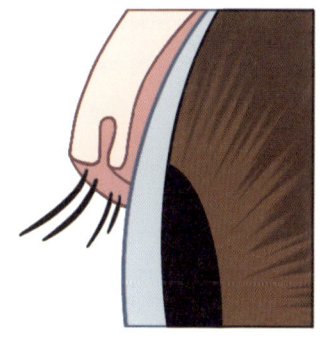
▲ 정상 첩모

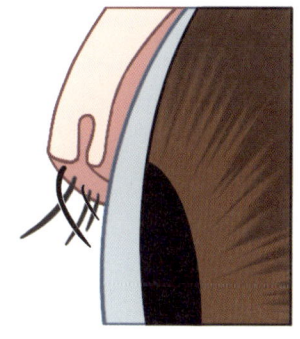
▲ 첩모난생증

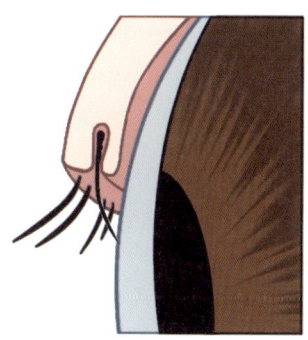
▲ 이열첩모

속눈썹
디자인

Chapter 02

속눈썹 연장
재료·도구와 디자인

2장에서는 속눈썹 연장과 관련된 재료와 도구의 종류를 살펴보고, 각각의 특성 및 사용법을 숙지한다. 또한 속눈썹 디자인의 기본 이론과 눈 형태 및 메이크업 이미지에 어울리는 속눈썹 디자인에 관하여 알아보도록 한다.

01 속눈썹 연장의 재료 및 도구

1 속눈썹의 재료

속눈썹 연장(아이래시 익스텐션, Eyelashes Extension)은 눈 주변에 이루어지는 만큼 사용하는 재료와 도구의 선택이 매우 중요하다. 인체에 영향을 주는 미용 제품은 법정마크인 KC마크 제품을 사용하도록 권장하고 있다. KC마크 제품은 속눈썹 시술 시 가장 중요한 안전성을 인정받은 제품이기 때문이다.

KC마크는 Korea Certification의 약자로 국민의 생명과 재산을 지키기 위해 법으로 정한 특정제품을 유통, 판매 시 반드시 제품에 표시되어야 하는 마크로 안전, 보건, 환경, 품질 등의 강제인증 분야에 국가적으로 단일화한 표시이다.

▲ KC 마크

1. 가모(Artificial Eyelashes)

속눈썹을 길고 풍성하게 보이기 위해 만든 가짜 속눈썹을 말한다. 가모는 속눈썹 연장 시술 재료의 가장 중요한 부분으로 원사의 굵기와 길이 컬의 모양 등에 따라 분류된다.

(1) 원사에 따른 분류

인조모(일반모)	PVC 등의 합성섬유로 만든 가모(假毛). 열가공 처리를 많이 하지 않아 무겁고 뻣뻣한 단점이 있음
실크모	합성섬유로 만든 원사를 열가공 처리하여 부드러운 탄성과 자연스러운 광택이 특징인 가모(假毛). 실제 실크원사는 아니며 가장 흔하게 사용함
단백질모	가모(假毛) 원사에 단백질 성분을 가미하여 만든 속눈썹
천연모	동물의 털을 이용하여 만든 것으로 합성섬유보다 가볍고 자연스러우며, 속눈썹에 접착력이 좋음
인모	사람 머리카락의 큐티클 라인을 이용하여 만든 가모(假毛). 유지기간이 길고 가벼운 장점이 있음

> **T I P**
>
> **인조모와 인모의 장·단점**
>
> **인조모(PVC모)**
> - 장점: PBT 가공 열처리를 통해 부드럽고 탄성이 좋다.
> - 단점: 가공과정에서 무게감이 더해진 제품이 있다.
>
> **인모(천연모)**
> - 장점: 합성섬유 가모에 비해 자연스럽다.
> - 단점: 모의 상태가 불규칙하고 가공과정이 어려워 단가가 높다.

(2) 컬에 따른 분류

가모의 연장에 사용되는 컬의 종류는 J, JC, C, CC, L, W, Y래쉬 등으로 분류된다.

① J컬
- 가장 일반적으로 사용되는 컬의 형태이다.
- 기존 속눈썹과 연결하여 풍성하고 긴 컬을 연출할 때 사용한다.
- 다른 제품과 함께 병행하여 디자인할 수 있다.

② JC컬
- J컬보다 각도가 조금 더 높아 J컬과 비교 시 볼륨감이 있다.
- J컬과 C컬의 중간 컬이다.

③ C컬
- J컬에 비해 컬의 각도가 커서 시술 시 드라마틱한 효과를 기대할 수 있다.
- 속눈썹이 많이 올라간 형태로 화려한 이미지로 디자인할 때 선호된다.
- 눈매가 깊은 눈에 사용 시 피부에 닿을 수 있으므로 주의한다.

④ CC컬
- C컬보다 컬의 각도가 더 큰 형태이다.
- 아이래시 컬러로 올린 듯 가장 풍성한 볼륨감과 컬링감을 기대할 수 있다.
- 모델의 속눈썹이 직모일 때 교정용으로 사용한다.

⑤ L컬
- 컬이 L자 모양으로 살짝 꺾여 있는 형태이다.
- 속눈썹이 앞으로 돌출된 듯 치켜 올라간 느낌으로 시술할 수 있다.
- 눈꺼풀이 처진 눈에 사용하면 눈매가 올라가 보이는 효과를 준다.

⑥ Y래쉬
- 가모의 형태가 두 가닥으로 Y자 모양으로 되어 있다.
- 모델 속눈썹의 숱이 적을 경우 사용하기 적당하다.

⑦ W래쉬
- 가모의 끝이 세 가닥으로 된 형태이다.
- 모델의 속눈썹 숱이 적을 경우 사용하면 풍성함을 기대할 수 있다.
- 또렷하고 진한 이미지로 완성된다.

| 컬의 형태 |

J컬	JC컬	C컬	CC컬	L컬	Y래쉬	W래쉬

(3) 굵기에 따른 분류

가모의 굵기는 곧 제품을 만드는 원사의 굵기와 같다.

① 섬유 원사의 단위인 '수' 또는 데니어(D=denier)를 사용한다. 1데니어는 원사 1g으로 9,000m의 실을 만들 때의 굵기를 의미하며, 데니어의 숫자가 높을수록 섬유의 굵기가 굵다.
② 천연섬유계(면사, 마사, 모사와 같은 실)는 번수를, 합성섬유계(생사, 인견, 필라멘트사)는 데니어를 사용한다.
③ 가모의 굵기는 0.05~0.25mm까지 다양하며, 가장 많이 사용되는 굵기는 0.10~0.15mm이다.
④ 모델 속눈썹의 상태에 따라 비슷한 굵기의 가모를 선택하여 시술하면 자연스럽다.

(4) 길이에 따른 분류

① 가속눈썹의 길이는 5~15mm까지 다양하다.
② 가끔 패션용 특수 속눈썹으로 15mm 이상의 길이가 사용되기도 한다.

③ 길이가 길면 무게감도 더해져 처지는 단점을 감안해야 한다.
④ 언더래쉬용으로는 5~6mm가 적당하다.
⑤ 가장 선호되는 길이는 10~11mm이다.
⑥ 길이 선택 시 컬의 종류를 고려해서 디자인하는 감각이 필요하다.
⑦ 강한 C컬은 부드러운 J컬에 비해 같은 길이인데도 짧아 보이는 효과가 있다.

(5) 색깔에 따른 분류

① 가모 분야에도 컬러가 트렌드로 등장하고 있다. 최근 2~3년 전부터 등장한 헤어 컬러의 다양성에 영향을 받아 속눈썹에도 컬러가 적용되고 있다.
② 블랙을 기본으로 그린, 블루, 핑크, 퍼플, 와인, 그레이 등을 선보이고 있다.
③ 공연, 패션쇼, 특수분장 등 필요한 분야에 적용한다.

2 속눈썹의 도구

1. 핀셋(Tweezers)

핀셋의 종류는 다양하나 사용 용도에 따라 시술자가 사용하기 편한 것으로 선택하도록 한다. 재질이 스테인리스(Stainless)로 되어 있고, 사용 시 끝부분이 날카롭고 뾰족하므로 시술 시 사용자의 주의가 요구된다.

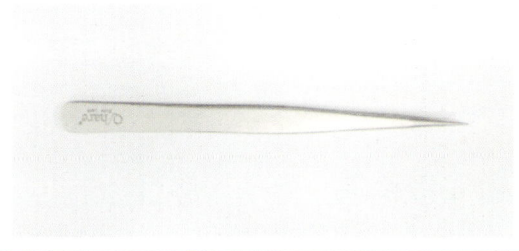

일자 핀셋
일반적으로 가장 많이 사용하는 핀셋이다. 사람의 속눈썹과 가모를 분리하거나 제거할 때 주로 사용된다.

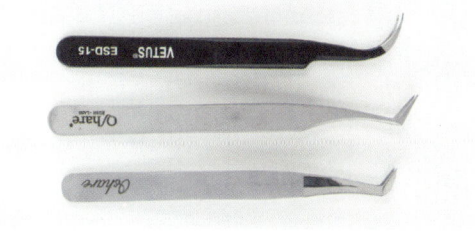

곡선 핀셋
가모 증모와 연장 시에 사용된다.

> **TIP**
>
> **핀셋의 사용 및 보관방법**
> ① 고객에게 사용 전·후 반드시 자외선 소독기에 소독한 다음 사용하도록 한다.
> ② 시술 전에 알코올 소독을 한 다음 사용한다.
> ③ 섬세한 작업을 위해 끝부분이 날카로우므로 사용 시 주의를 요구한다.
> ④ 마모와 안전을 고려하여 끝부분에 고무마개를 씌워 보관한다.

2. 글루(Glue)

속눈썹을 붙이는 접착과 경화의 단계에 사용되는 화학접착제로 인체의 예민한 부위인 눈에 사용하게 되므로 반드시 KC마크 인증제품을 선택하여 안전하게 사용할 수 있도록 한다.

(1) 글루의 종류
① 천연 글루: 화학 글루에 비해 접착력이 떨어지는 제품이 많아 속눈썹 연장 교육용으로 적합하다.
② 화학 글루: 관리 방법에 따라 차이가 있으나 가모의 유지기간이 2~4주 정도가 된다.

(2) 글루 사용 시 주의점
① 시술 시 눈에 들어가지 않도록 주의한다. 만약 눈에 들어갔을 경우 물 또는 식염수로 씻어내고 의사의 진단을 받도록 한다.
② 사용 시 가려움증, 따가운 증상 등이 생기면 사용을 중단한다.

(3) 글루 보관법
① 사용 후 반드시 입구 부분을 잘 닦아내고 뚜껑을 닫아 보관한다.
② 반드시 세워서 실내 서늘한 곳에 보관한다.
③ 화기 주변을 피해서 보관한다.
④ 유통기한은 통상 3개월 이내이며, 기간이 지날수록 접착력이 떨어질 수 있다.

3. 글루 리무버(Glue Remover)

속눈썹에 묻은 글루 또는 잘못 붙인 가모를 제거하는 데 사용된다.

(1) 종류
① 젤 타입: 사용이 편리하고 쉽게 제거되므로 가장 선호하는 타입이다.
② 액상 타입: 쉽게 흘러내리므로 사용 시 눈에 들어가지 않도록 주의한다.
③ 크림 타입: 액상 타입이 흘러내리는 단점을 보완하지만, 글루를 완전히 제거하는 데 시간이 소요된다.

▲ 글루

▲ 글루 리무버

4. 전처리제(Pretreatment Drug)

시술 전 속눈썹에 붙어 있는 이물질이나 유분기를 제거하는 전처리 작업에 사용된다. 전처리 작업 후 위생적인 상태에서 시술하면 가모의 지속력이 높아진다.

5. 패치(Patch)

가모 시술 시 윗속눈썹과 아랫속눈썹이 서로 달라붙지 않게 하기 위해 사용된다. 패치 사용 시 민감성 피부에는 점도를 낮추거나 보습 성분이 포함된 제품을 사용하여 피부를 보호하도록 한다.

아이패치가 등장하기 전에는 위생 테이프 등을 사용하기도 하였으나 최근에는 피부를 고려한 다양한 아이패치가 나와 사용이 편리해졌다.

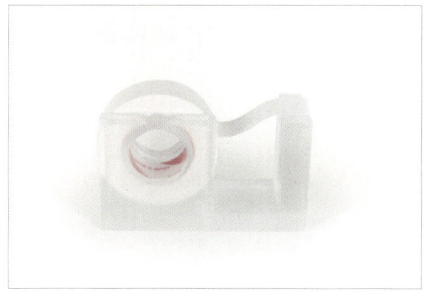

▲ 위생 테이프

▲ 아이패치

6. 팔레트(Palette)

시술 시 글루를 덜어 사용하는 제품으로 글루 양을 조절하기 편하다.

7. 가위(Eyelash Scissors)

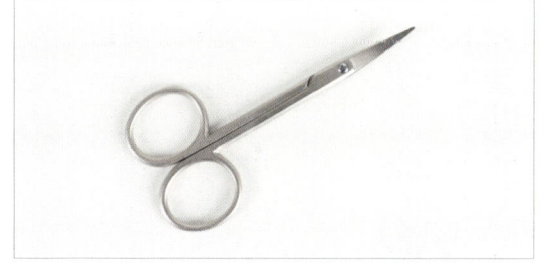

① 속눈썹 전용 가위를 사용하도록 한다.
② 인체에 직접 사용하는 도구이므로 자외선 소독기 또는 알코올을 사용하여 소독한 후 사용하도록 한다.
③ 끝이 날카로우므로 시술 시 안전에 주의한다.

8. 그 외의 재료들

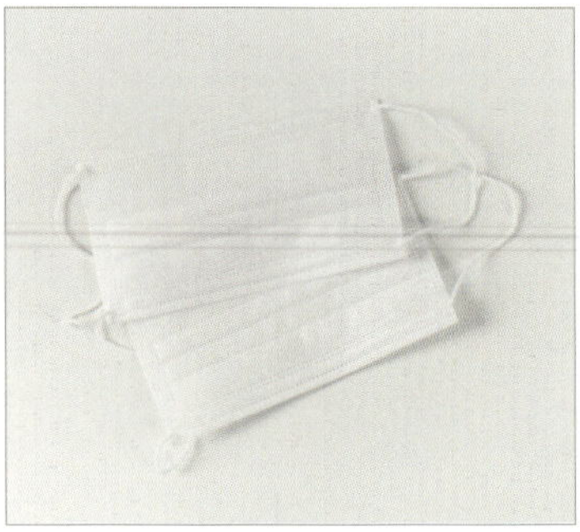

▲ 일회용 마스크

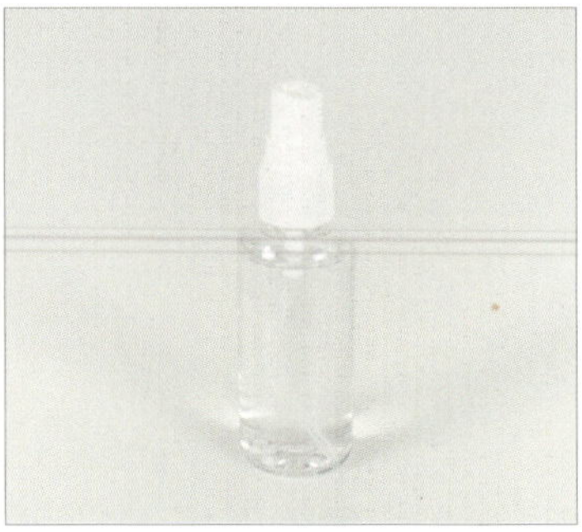

▲ 손 소독제

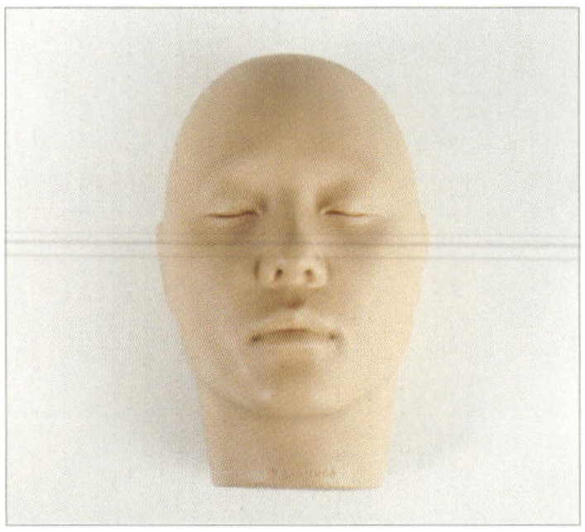

▲ 마네킹

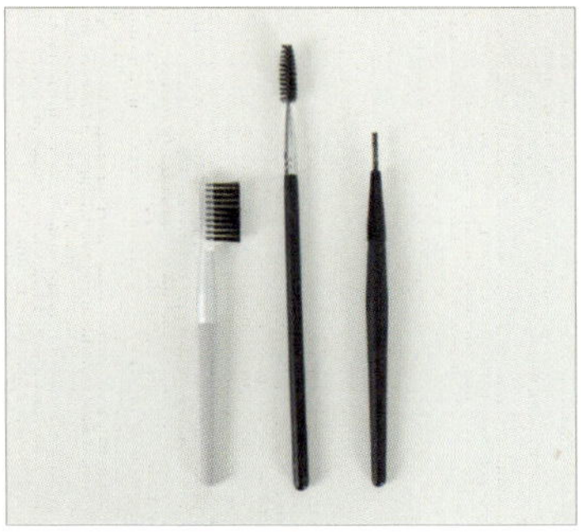

▲ 눈썹 브러시

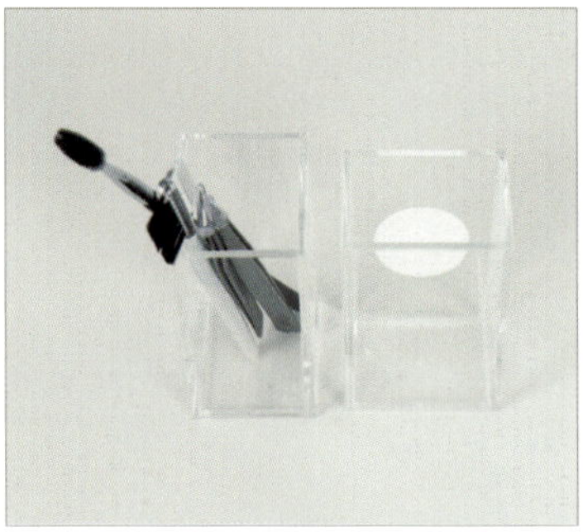

▲ 도구 트레이

▲ 일회용 속눈썹

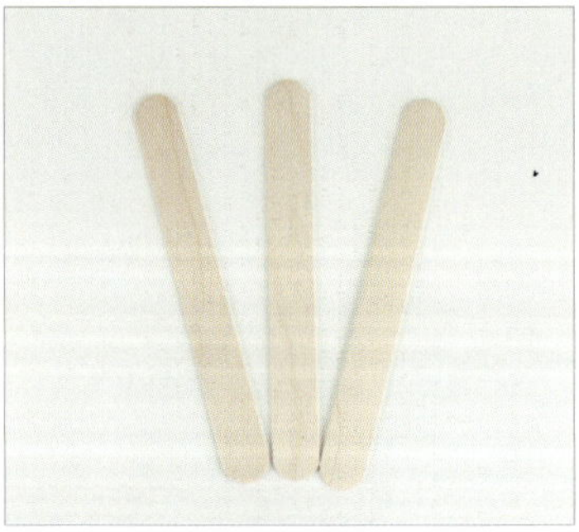

▲ 우드 스틱

▲ 면봉

▲ 마이크로 브러시

▲ 알코올 솜통

▲ 화장솜

▲ 가운

▲ 위생모

▲ 대/소 타월

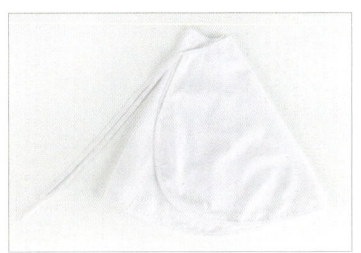
▲ 어깨보

▲ 스탠드

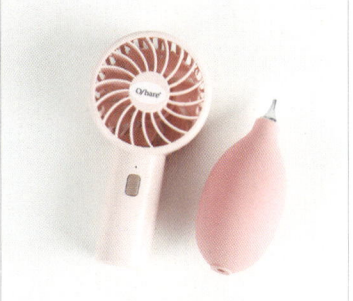
▲ 송풍기

▲ 펌 제1/2액

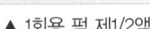
▲ 1회용 펌 제1/2액

▲ 펌 롯드

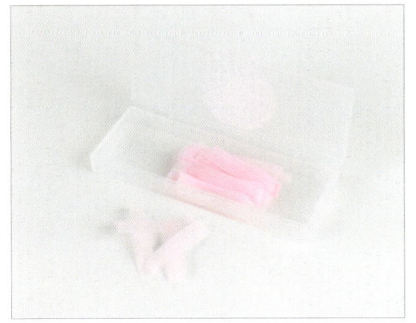

▲ 펌지

▲ 고글

02 속눈썹 연장 디자인

사람의 눈은 개인별로 다른 다양한 형태가 있으므로 형태에 어울리는 속눈썹 디자인을 제안해야 한다. 눈 모양의 장점을 파악하고 단점을 커버하는 시술자의 감각이 요구되는 부분이며, 디자인이 완성된 후 자신감 있는 눈매를 연출하여 고객에게 만족감을 줄 수 있다.

1. 디자인을 위한 준비

① 눈 앞머리 시작 부분에 가모 연장 시 눈을 감았다 뜰 때 불편함을 초래할 수 있으므로 지나치게 앞부분에는 가모 시술을 하지 않도록 한다.
② 통상 눈 앞머리, 중앙 부위(눈동자 부위), 눈 끝부분 3등분으로 나누어 디자인한다.
③ 디테일한 시술을 위해 다시 2등분으로 더 나누어 시술하기도 한다.
④ 눈의 형태에 따라 부위마다 적용 가능한 컬과 길이 등을 디자인하는 감각이 필요하다.

2. 디자인을 위한 눈의 구조

가모를 적용하여 아름다운 눈매를 연출하기 위해 다양한 눈의 형태에 따라 적용하는 범위와 디자인이 달라진다. 이를 위해 눈의 기본 구조를 알아본다.

① 모델의 속눈썹을 디자인하기 위해 눈을 3등분하여 눈 앞머리, 눈 중앙, 눈꼬리 부분으로 명칭한다.
② 눈 앞머리, 눈 중앙, 눈꼬리 부분의 어느 부분에 포인트를 두느냐에 따라 전체적인 조화감과 이미지가 달라진다.
③ ① 부분과 ② 부분 사이, ② 부분과 ③ 부분 사이는 그러데이션 하듯 길이가 점차 변화되도록 디자인한다.

| 디자인을 위한 눈의 3등분 |

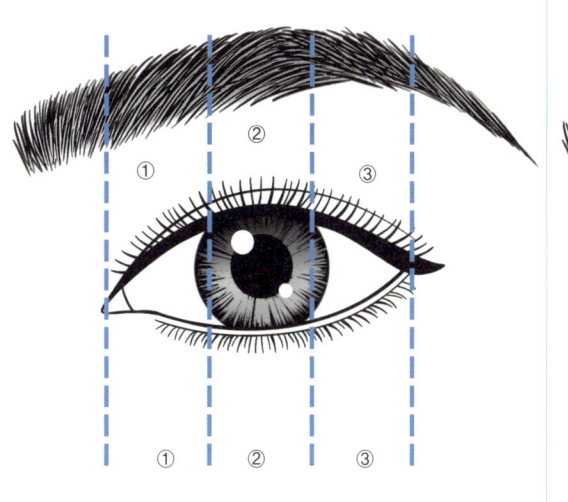 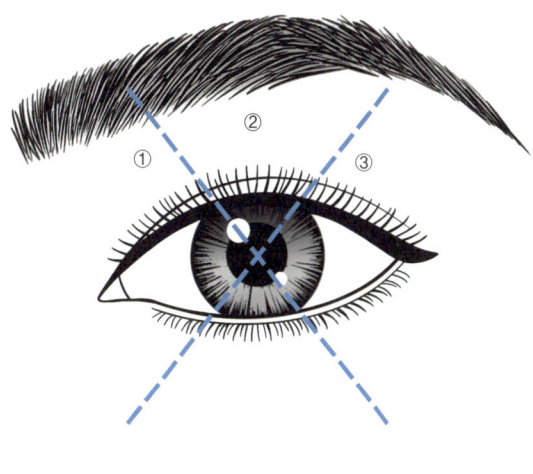

① 눈 앞머리 부분   ② 눈 중앙 부분   ③ 눈꼬리 부분

03. 눈 형태에 따른 속눈썹 디자인

(1) 균형 잡힌 기본형

눈이 주는 느낌	기본형의 눈 형태로 안정감이 있다.
디자인 포인트	모델 속눈썹 길이의 1.2~1.5배의 가모를 사용하여 디자이너의 감각을 살려 매력 있는 눈매 연출이 가능하다. 중앙 부분을 가장 길게 디자인한다.
형태 ① 부위: 8~9mm ② 부위: 9~11mm ③ 부위: 9~10mm	

(2) 쌍꺼풀이 큰 눈

눈이 주는 느낌	화려하고 서구적인 이미지로 쌍꺼풀이 커서 부담스러울 수 있다.
디자인 포인트	컬이 풍성한 CC컬을 사용하여 큰 쌍꺼풀 라인을 자연스럽게 가려주어 또렷한 이미지 연출이 가능하다. 전체적으로 부채꼴 모양으로 디자인한다.
형태 ① 부위: 8~9mm ② 부위: 10~11mm ③ 부위: 8~9mm	

(3) 작은 눈

눈이 주는 느낌	소극적인 이미지로 답답해 보일 수 있다.
디자인 포인트	모델 속눈썹 길이의 1.5배 정도의 가모를 사용하여 길고 풍성하게 디자인하면 눈이 커 보이는 효과가 있다.
형태 ① 부위: 9mm ② 부위: 10~11mm ③ 부위: 10~11mm	

(4) 동그란 눈

눈이 주는 느낌	귀엽고 어려 보이는 이미지가 특징이다.
디자인 포인트	눈꼬리 부분으로 갈수록 긴 가모를 사용하여 중간의 둥근 부분과 어울리도록 시술하는 것이 포인트이다. 중간 부분에 포인트를 두면 더 동그란 눈이 되므로 전체적인 균형을 생각하여 디자인한다.
형태 ① 부위: 9~10mm ② 부위: 10~11mm ③ 부위: 11~12mm	

(5) 길고 가느다란 눈

눈이 주는 느낌	이지적 이미지를 가지나, 다소 차갑거나 답답하게 보일 수 있다.
디자인 포인트	중앙의 눈동자 부분에 포인트를 두고 눈꼬리 부분도 약간 긴 가모를 사용하여 시원해 보이도록 디자인하여 차가운 이미지를 보완한다.
형태 ① 부위: 9~10mm ② 부위: 11mm ③ 부위: 10~12mm	

(6) 외겹 눈

눈이 주는 느낌	동양적이고 고전적인 이미지로 보인다.
디자인 포인트	중앙 눈동자 부분에 포인트를 두고 전체적으로 컬이 풍성한 가모를 사용하여 현대적인 이미지를 연출한다. 눈이 답답해 보이지 않도록 너무 촘촘한 가모 사용을 피한다.
형태 ① 부위: 9~10mm ② 부위: 11mm ③ 부위: 10mm	

(7) 올라간 눈

눈이 주는 느낌	액티브한 이미지를 가지나, 강하고 사나운 이미지로 보일 수 있다.
디자인 포인트	시작과 눈동자 부분에 포인트를 두고 끝부분은 강조되지 않도록 짧은 가모를 디자인하여 전체적인 균형을 맞춰서 부드러운 이미지로 디자인한다.
형태 ① 부위: 8~9mm ② 부위: 10~11mm ③ 부위: 8~10mm	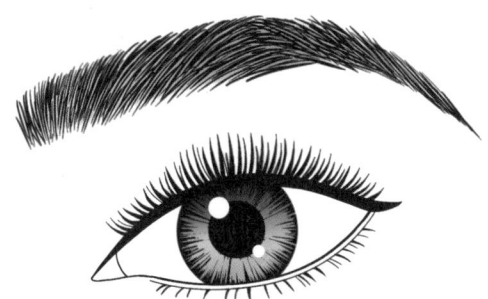

(8) 처진 눈

눈이 주는 느낌	착해 보이지만, 다소 순하고 소극적으로 보일 수 있다.
디자인 포인트	눈매가 처진 부분을 길게 하면 더 처져 보이므로 시작과 중간 부분에 포인트를 두고 처진 부분에는 CC컬의 짧은 길이를 사용하여 디자인한다.
형태 ① 부위: 9~10mm ② 부위: 10mm ③ 부위: 8~9mm	

(9) 튀어나온 눈

눈이 주는 느낌	강하고 도전적인 이미지로 보일 수 있다.
디자인 포인트	튀어나온 눈이 강조되지 않도록 J컬을 사용하여 모델의 눈썹 길이와 비슷한 길이를 사용하여 전체적인 그러데이션으로 디자인한다.
형태 ① 부위: 9~10mm ② 부위: 10mm ③ 부위: 10~11mm	

(10) 양쪽 눈의 크기가 다른 눈

눈이 주는 느낌	비대칭의 짝눈 이미지로 대칭을 맞춰줄 필요가 있다.
디자인 포인트	작은 쪽 눈에는 긴 가모를 사용하여 커 보이도록 하고, 큰 쪽은 더 짧은 길이를 사용하여 양쪽 눈의 균형감을 맞추도록 디자인한다.
눈 형태에 따라 길이가 다름	

(11) 미간 사이가 넓은 눈

눈이 주는 느낌	미간 사이가 많이 넓을 경우, 눈 사이의 균형감이 떨어져 허술해 보이는 이미지로 보일 수 있다.
디자인 포인트	양쪽 눈의 시작 부분에 포인트를 두어 넓은 미간 사이가 좁혀 보이도록 디자인한다.
형태 ① 부위: 9~10mm ② 부위: 10~11mm ③ 부위: 8mm	

(12) 미간 사이가 좁은 눈

눈이 주는 느낌	미간 사이가 많이 좁을 경우, 눈 사이의 균형감이 떨어져 답답해 보이는 이미지로 보일 수 있다.
디자인 포인트	미간 사이가 넓은 눈과 반대로 양쪽 눈의 끝부분에 포인트를 두어 시각적으로 미간이 넓어 보이도록 디자인한다.
형태 ① 부위: 8mm ② 부위: 9~10mm ③ 부위:10~11mm	

눈 형태에 따른 속눈썹 디자인 실습

❶ 균형 잡힌 기본형

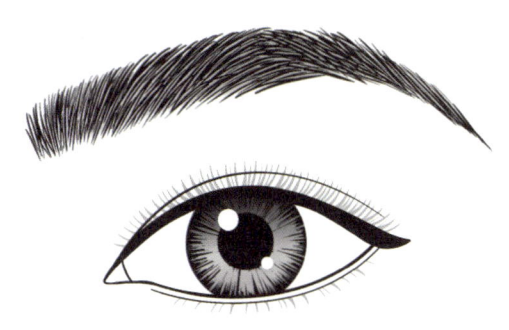

❷ 쌍꺼풀이 큰 눈

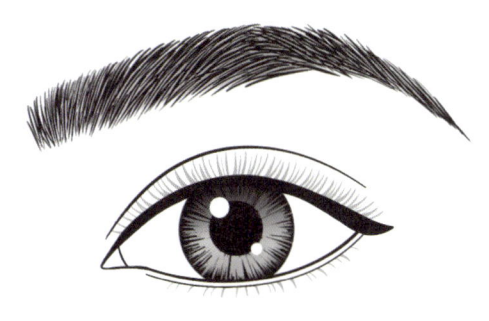

❸ 작은 눈

❹ 동그란 눈

❺ 길고 가느다란 눈

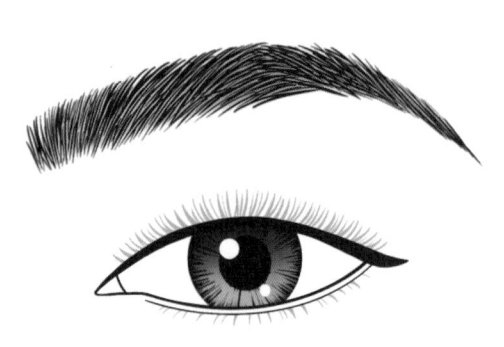

❻ 외겹 눈

❼ 올라간 눈

❽ 처진 눈

❾ 튀어나온 눈

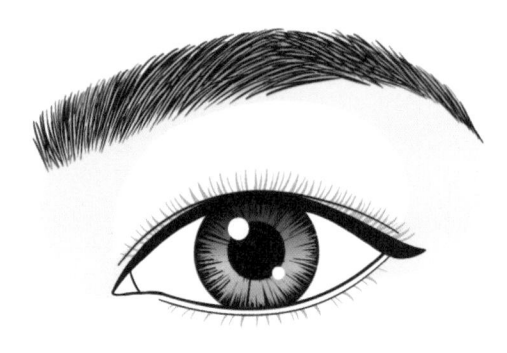 

❿ 미간 사이가 넓은 눈

⓫ 미간 사이가 좁은 눈

04 이미지에 따른 속눈썹 디자인

속눈썹 디자인에 따라 뷰티 이미지를 연출할 수 있다. 고객이 요구하는 이미지를 연출하기 위하여 고객의 눈 형태를 고려하여 속눈썹과 전체적인 얼굴 이미지를 연출한다.

(1) 내추럴 이미지(Natural Image)
전체적으로 자연스럽게 연출하는데 기준을 둔다. 가장 자연스러운 길이와 굵기의 가모를 사용하여 원래 가진 속눈썹 형태에서 크게 변화되지 않도록 자연스럽게 보이도록 한다.

(2) 귀여운 이미지(Cute Image)

눈이 동그랗게 보이도록 가운데 부분에 가장 길고 짙은 가모를 사용하여 포인트를 준다. 검은 눈동자 부분이 확대 연결되는 느낌을 주게 되어 귀엽고 동그란 눈으로 보이게 한다.

(3) 엘레강스 이미지(Elegance Image)

전체적으로 본래 속눈썹보다 길고 볼륨감과 컬링이 있는 가모를 사용하여 우아하고 여성스러운 이미지로 연출한다.

(4) 섹시 이미지(Sexy Image)

눈의 중앙 부위에서 뒤로 갈수록 길고 짙은 가모를 사용하여 2/3 지점부터 포인트를 두어 섹시하고 관능적인 이미지를 연출한다.

(5) 모던 이미지(Modern Image)

현대적인 이미지를 위해 내추럴 스타일보다 조금 더 진한 가모를 사용하여 전체적으로 자연스럽게 연출한다. 눈이 또렷해지면 인상이 또렷해 보여 모던하고 도시적인 이미지로 보이게 된다.

(6) 화려한 이미지(Showy Image)

화려하고 강조되는 이미지를 위해 매우 풍성하거나, 투톤(Two Tone) 컬러의 가모를 사용하여 연출하기도 한다. 블랙, 브라운 등 일반적인 가모 끝부분이 밝은색으로 염색된 투톤(Two Tone) 가모 또는 큐빅, 비즈, 글리터, 깃털 등의 오브제가 달린 가모를 사용하여 화려한 이미지로 보이게 한다.

(7) 에스닉 이미지(Ethnic Image)

민속적이고 화려한 이미지의 에스닉 이미지에 어울리는 속눈썹은 길고 짧은 가모를 반복 사용하여 연출하면 효과적이다.

이미지에 따른 속눈썹 디자인 실습

❶ 내추럴 이미지(Natural Image)

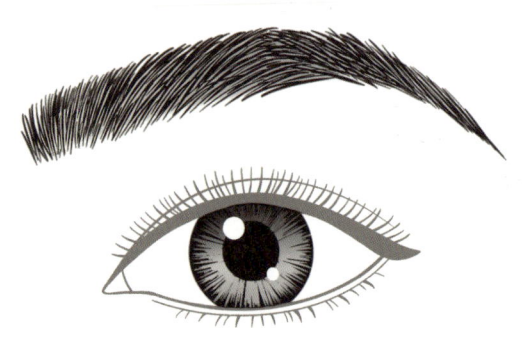 

❷ 귀여운 이미지(Cute Image)

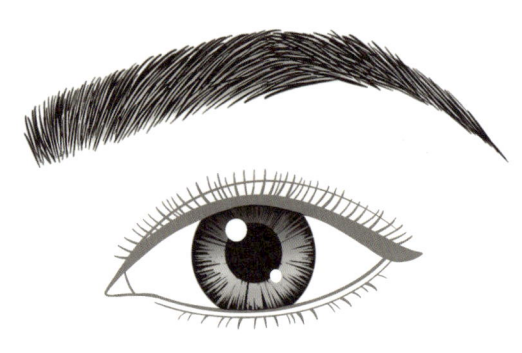 

❸ 엘레강스 이미지(Elegance Image)

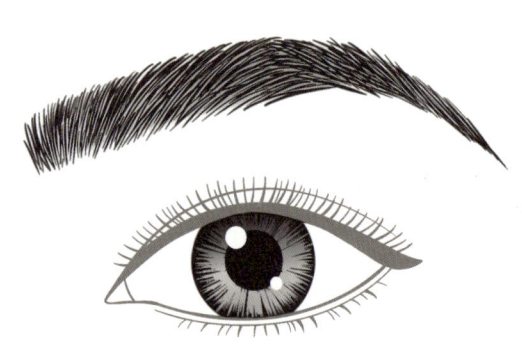 

❹ 섹시 이미지(Sexy Image)

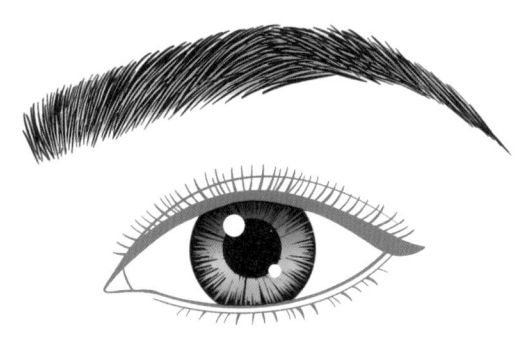

❺ 모던 이미지(Modern Image)

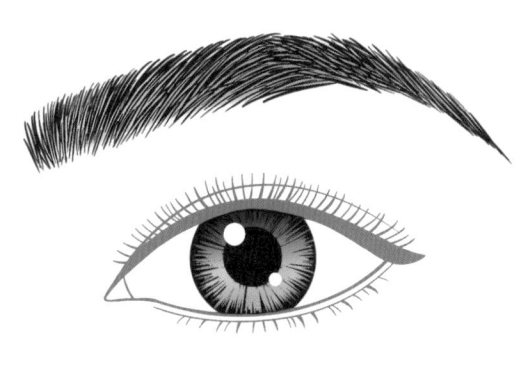

❻ 화려한 이미지(Showy Image)

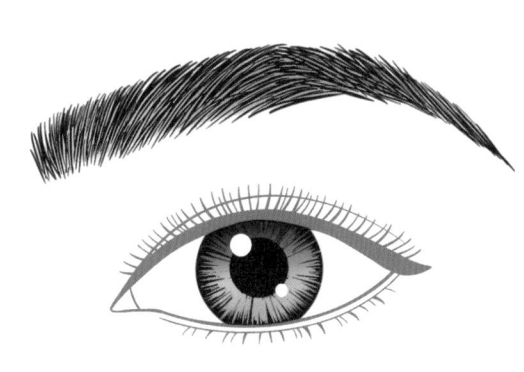

❼ 에스닉 이미지(Ethnic Image)

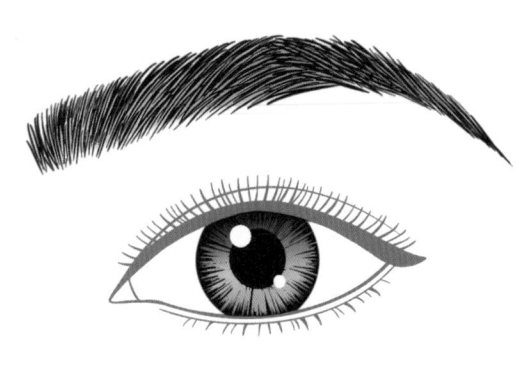 

Chapter 03

속눈썹 연장 실기

3장에서는 속눈썹 연장에 필요한 도구와 재료를 살펴보고, 사전 준비 사항에 관하여 숙지한다. 속눈썹의 기본형(부채꼴) 연장 테크닉과 속눈썹 스타일에 따른 연장 테크닉에 관하여 알아보도록 한다.

01 속눈썹 연장 준비

1 속눈썹 연장 준비물

▲ 위생가운(흰색)

▲ 위생모

▲ 일회용 마스크

▲ 흰타월

▲ 알코올 솜통

▲ 화장솜

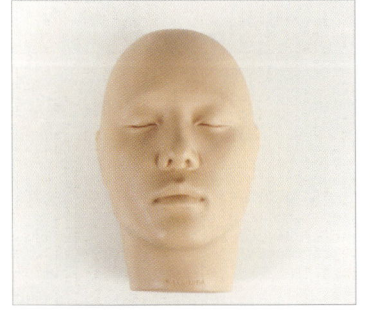
▲ 연장용 마네킹

▲ 일회용 속눈썹

▲ 가속눈썹(가모)

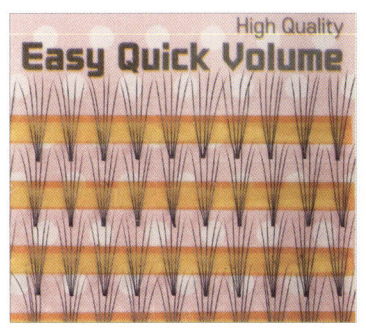
▲ 3D/5D 가속눈썹

▲ 전처리제

▲ 글루 리무버

▲ 글루(KC인증)

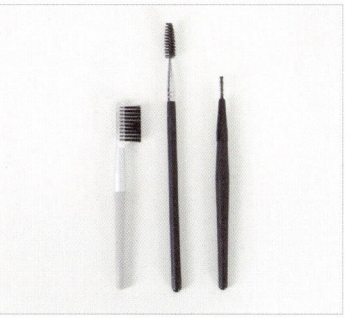
▲ 눈썹 브러시

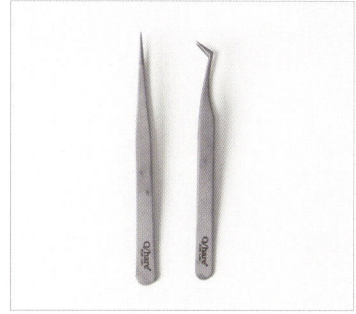
▲ 핀셋 2개

▲ 마이크로 브러시

▲ 우드 스파츌라

▲ 글루판

▲ 도구 트레이

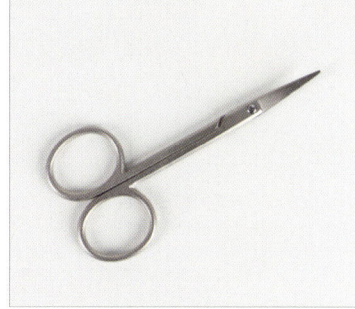
▲ 가위

▲ 송풍기

▲ 테이프

▲ 아이패치

▲ 소독용 알코올

▲ 면봉

2 속눈썹 연장 사전 준비

(1) 시술자

① 책상 위에 흰색 수건을 깔고, 재료를 정리해서 준비한다.
② 위생쟁반과 도구 트레이를 이용하여 준비물을 가지런히 세팅한다.
③ 위생봉투를 책상에 부착하여 쓰레기를 수거할 수 있도록 한다.
④ 시술자는 흰색 위생가운을 입고 흰색 마스크와 위생모를 착용한다.

(2) 연장용 마네킹

① 마네킹은 표식이 없는 깨끗한 상태로 준비한다.
② 마네킹에는 속눈썹 연장이 되어 있지 않아야 하며, 연장 실습용 기본형 인조속눈썹만 부착된 상태로 준비한다.
③ 아이패치는 실기 시작 후에 부착하도록 한다.

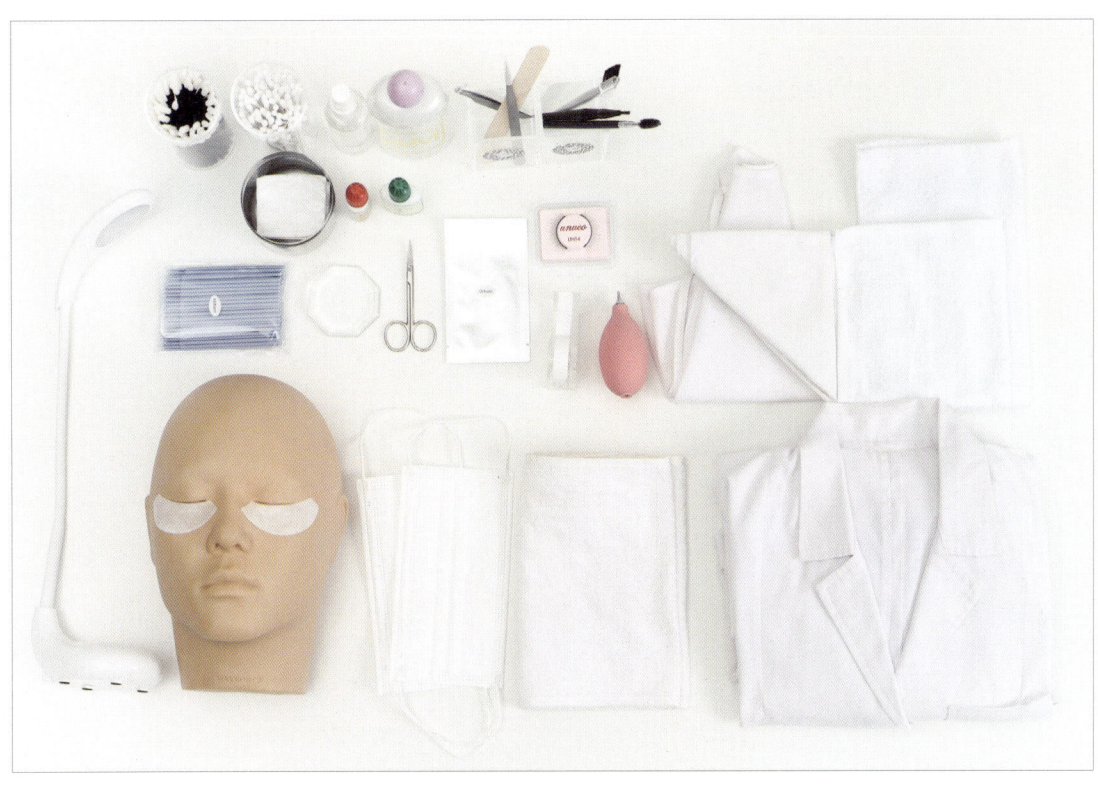

3 시술 준비 및 유의사항

1. 속눈썹 연장 실기 준비

① 마네킹의 눈 크기에 맞게 인조속눈썹의 가로 길이를 잘라 조절하고, 접착제를 바른 후 적절한 위치에 부착한다.

② 눈매의 곡선에 맞추어 아이패치를 인조속눈썹보다 아래 적절한 위치에 부착한다.

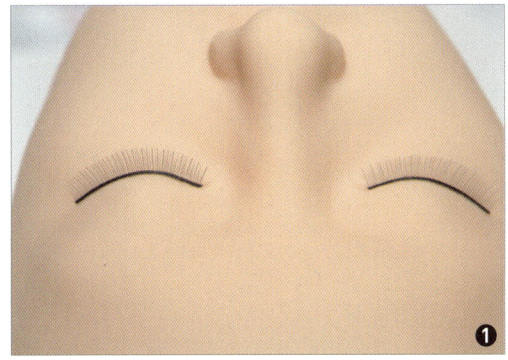

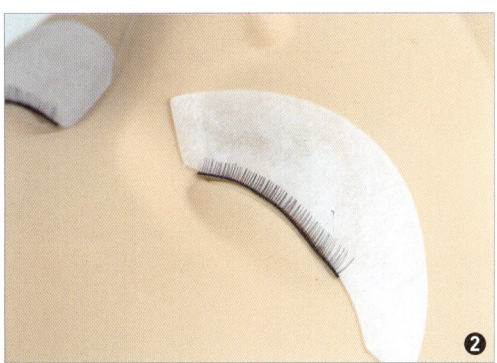

2. 소독

① 시술 전 알코올로 손 소독을 한 후, 핀셋 외 도구들은 알코올을 이용하여 소독하거나 자외선 소독기를 이용하여 반드시 소독하고 사용해야 한다.

② 솜에 알코올을 묻혀 마네킹도 소독한다.

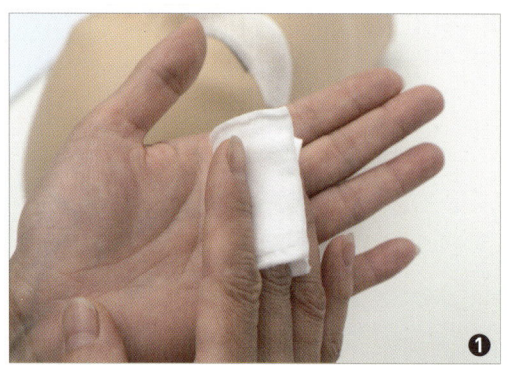
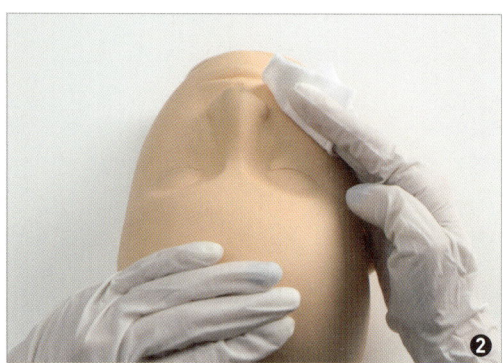

3. 전처리제 처리

① 가모의 지속력과 밀착력을 높이기 위해 전처리를 진행한다. 전처리제의 목적은 시술 전 속눈썹의 유분 및 이물질을 제거하는 것이다.

② 우드 스파츌라(우드 스틱)를 이용하여 마이크로 브러시(또는 면봉)로 전처리제를 도포한다.

4. 핀셋 사용법

① 시술하고자 하는 가모의 중앙에 있는 한 올만 붙일 수 있도록 핀셋으로 가른다.

② 핀셋은 양손으로 잡으며, 일반적으로 속눈썹은 일자핀셋, 가모는 곡자핀셋으로 잡는다.

③ 가모는 꺾이지 않도록 부드럽게 잡는다.

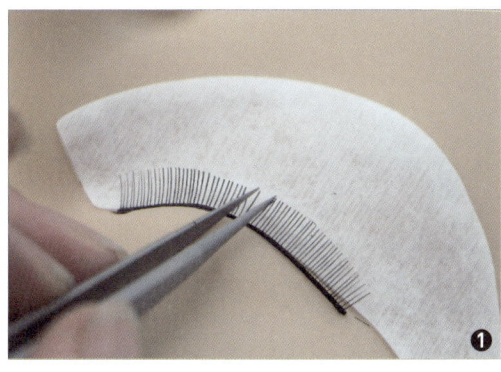
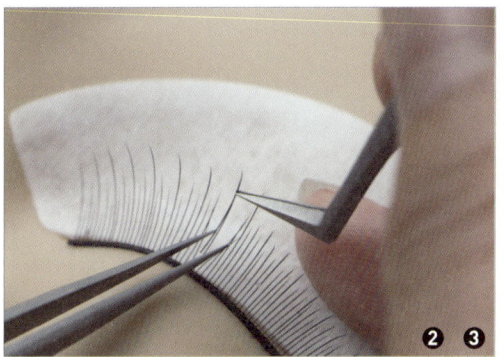

④ 속눈썹을 가를 때에는 핀셋을 세워 잡아야 한 올씩 가르기 편하다.

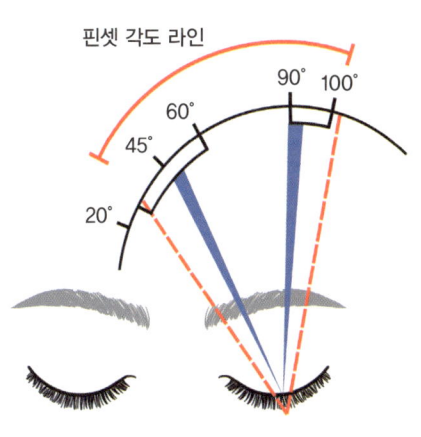

▲ 핀셋의 각도

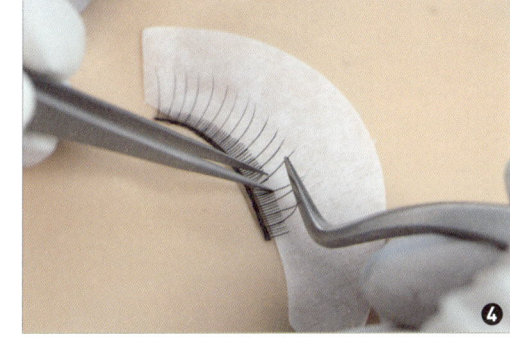

⑤ J컬, JC컬 가모 잡는 위치는 가모의 뿌리에서 3분의 2 정도 위치에 핀셋을 고정한다. 이때 핀셋은 45도 각도를 유지한다.

⑥ C컬 가모 잡는 위치는 가모의 뿌리에서 중간 위치에 고정한다. 이때 핀셋은 45도 각도를 유지한다.

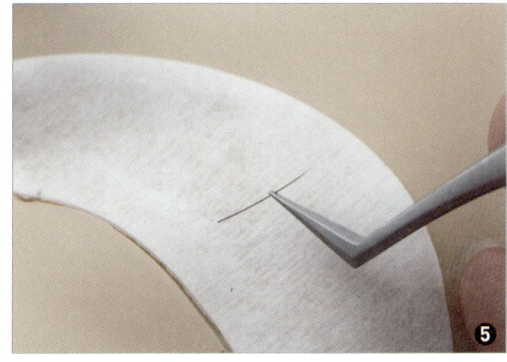

▲ J컬, JC컬 핀셋 위치

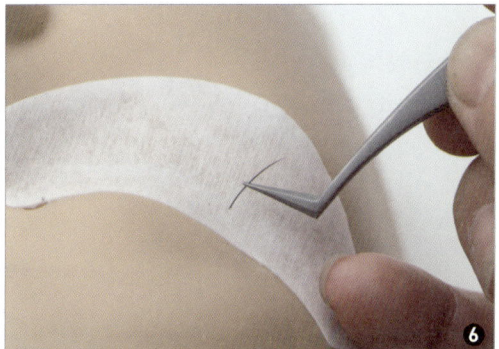

▲ C컬 핀셋 위치

5. 글루 사용법

① 글루 사용 시 충분하게 흔들어 섞은 후 적당한 양을 글루판에 짜놓는다.

② 가모에 글루를 바를 때에는 가모의 3분의 1 정도만 글루가 닿을 수 있도록 천천히 담그고 빼낸다. 이때 가모에 방울이 생기지 않도록 글루 양을 조절한다.

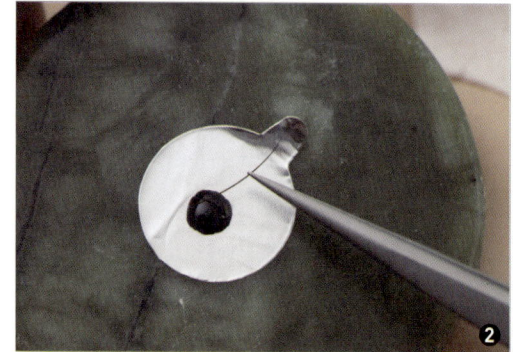

③ 멍울이 있을 시에는 글루를 덜어내야 하며, 글루 양이 많아 흐를 경우 피부에 접착될 수 있음을 주의한다. 피부에 글루 접촉 시 알레르기 및 피부염을 유발할 수 있으며, 눈썹 뿌리에 글루가 닿으면 굳어서 눈이 무겁고 아플 수 있으니 유의한다.

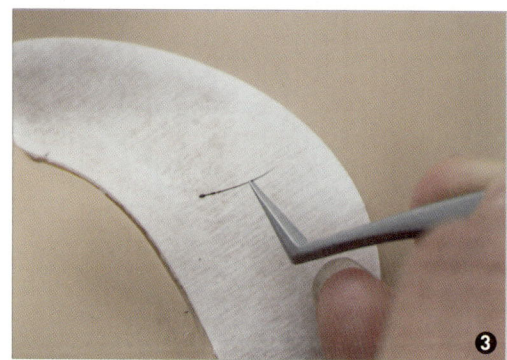

▲ 글루 사용량의 잘못된 예

6. 가모 붙이는 방법

① 핀셋으로 가모의 3분의 2 지점을 잡은 후 가슴 방향으로 정면을 향해 들어올린다. 그런 다음 가모 뿌리부터 3분의 1 정도만 글루를 묻힌 후 속눈썹 뿌리에서 0.1~0.2mm의 간격을 띄우고 부착한다. 이때 글루 양이 많아 방울이 생기면 글루 양을 조절한다.

② 가모와 부착할 속눈썹과의 각도는 일자(평행)를 유지하고, 가모의 뿌리가 뜨지 않게 속눈썹에 정확히 부착한다.

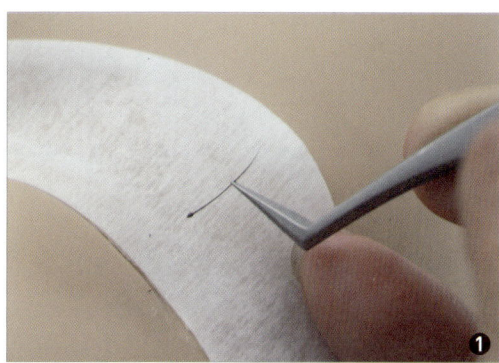

> **TIP**
>
> **주의사항**
> - 글루가 흘러서 피부에 접착되는 점을 주의한다.
> - 피부에 글루 접촉 시 알레르기 및 피부염을 유발할 수 있다.
> - 뿌리에 글루가 닿으면 굳어서 눈이 무겁고 아프다.
> - 핀셋을 위로 올리지 않는다.

02 속눈썹 연장 실기

1 속눈썹 연장 유의사항

① 과제를 수행하기 전 시술자의 손 및 도구류, 마네킹을 소독한다.

② 가모는 굵기 0.15mm 또는 0.20mm, 길이 8~12mm의 J컬, JC컬, C컬을 사용한다.

③ 아이패치 부착 시 아랫속눈썹 위에 부착한 상태가 정확해야 한다.

④ 전처리제 도포 시 우드 스파츌라를 속눈썹 아래에 받치고 닦아낸다.

⑤ 반드시 정부가 인정하는 KC인증 글루를 사용한다.

⑥ 가모 시술 시 모근에서부터 최소 0.1mm 떼어서 부착하고 일정한 간격을 유지한다.

⑦ 반드시 한 가닥에 한 올씩 1:1로 부착한다.

⑧ 글루의 양을 적절하게 조절하여 뿌리에 흘러내리거나 속눈썹에 방울져서 뭉치지 않아야 한다.

⑨ 속눈썹 앞머리 부분 2~3가닥은 연장하지 않는다.

⑩ 양쪽 가모에 시술한 디자인이 숱과 포인트 대칭이 같아야 한다.

⑪ 인조속눈썹에 최소한 40가닥 이상을 연장한다.

⑫ 완성된 상태는 각 과제별 디자인 시안과 같아야 하며, 붙여진 가모의 상태는 각도, 방향, 길이가 일정해야 한다.

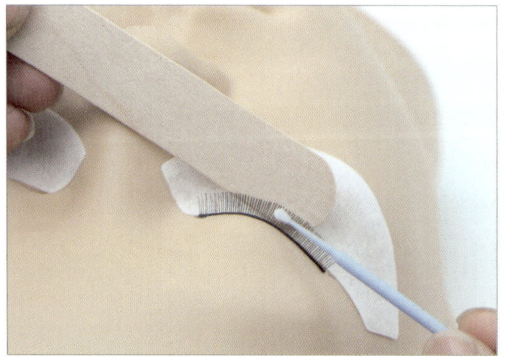

▲ 전처리

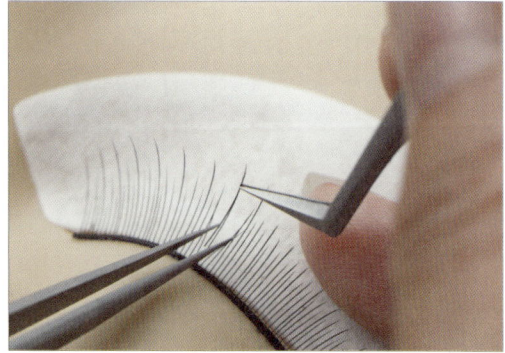

▲ 가모 연장

2 속눈썹 연장 기본형(부채형) 기준점

① 인조속눈썹의 중앙에 12mm의 가모로 기준을 잡아준다. 이때 반드시 속눈썹 뿌리에서 0.1~0.2mm의 간격을 띄우고 시술한다.
② 속눈썹 앞머리 2~3가닥에는 가모를 붙이지 않으며, 속눈썹 앞머리는 8mm로 시술한다. 속눈썹 꼬리는 9mm로 시술한다.

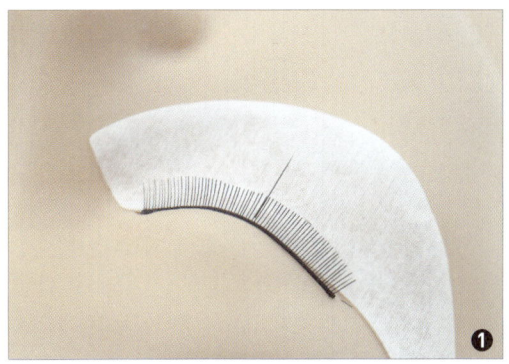 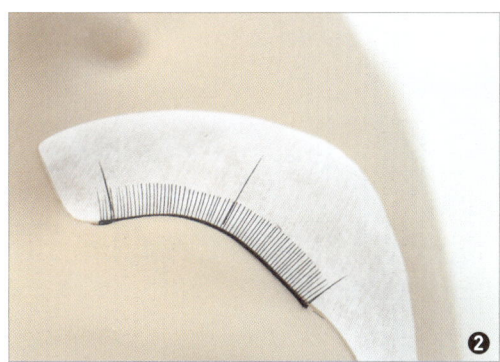

③ 핀셋으로 인조속눈썹을 가르고, 한 올에 1가닥씩 붙인다.
④ 속눈썹 앞머리부터 8, 9, 10, 11, 12, 11, 10, 9mm의 길이 순서로 시술하며, 길이별로 기준점을 잡아주며 시술하는 것이 좋다.

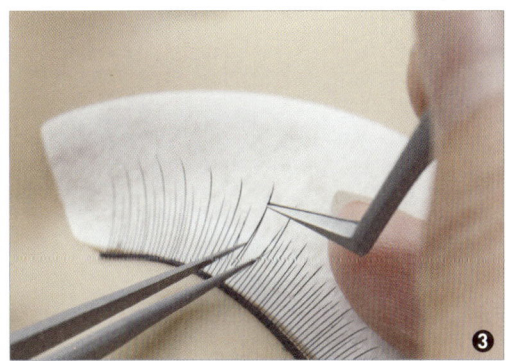 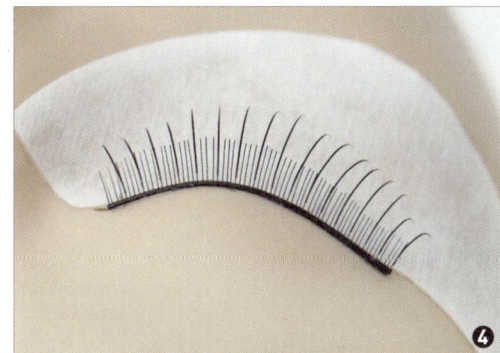

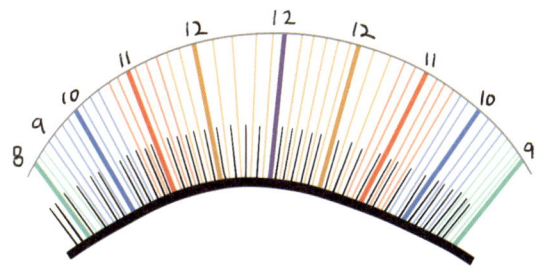

▲ 길이별 기준점

03. 스타일에 따른 속눈썹 연장 실기

1 내추럴 스타일 / 부채꼴 J컬 0.15 (8~12mm)

가장 자연스럽고 청순한 이미지 연출이 가능하다. 부채꼴 모양으로 양쪽 속눈썹의 모(毛)량과 길이의 균형을 맞추어 아치형(부채꼴) 형태가 되도록 완성한다.

시술 방법 및 순서

① 5~6mm의 인조속눈썹이 부착된 마네킹을 준비한다.
② 속눈썹 연장 시술 전 손과 도구류, 마네킹의 작업 부위를 소독하고 적절한 위치에 아이패치를 부착한다.
③ 우드 스파출라를 이용하여 마이크로 브러시(또는 면봉)로 전처리제를 고르게 도포한다.
④ 인조속눈썹의 중앙에 12mm의 가모로 기준을 잡아준다. 이때 반드시 속눈썹 뿌리에서 0.1~0.2mm의 간격을 띄우고 시술한다.
⑤ 속눈썹 앞머리 2~3가닥에는 가모를 붙이지 않으며, 속눈썹 앞머리는 8mm, 속눈썹 꼬리는 9mm로 시술한다.

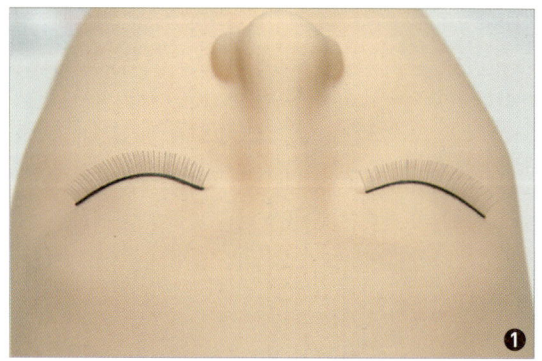

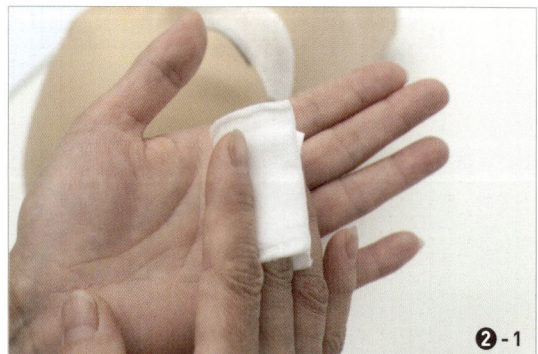

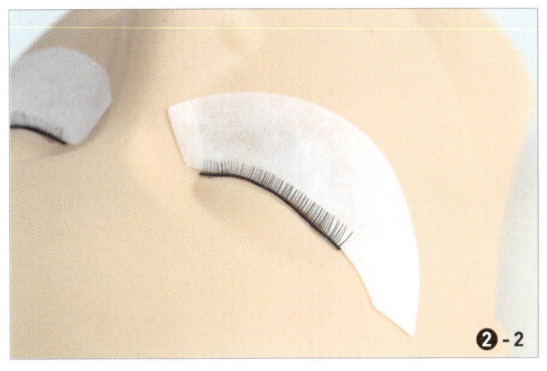
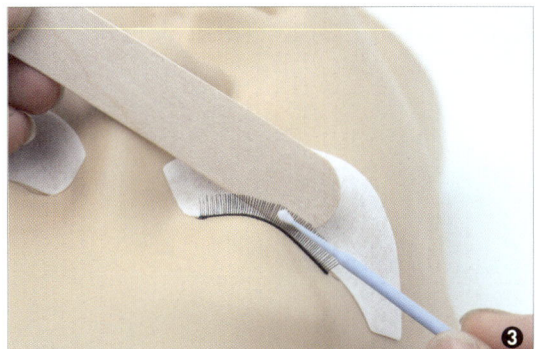
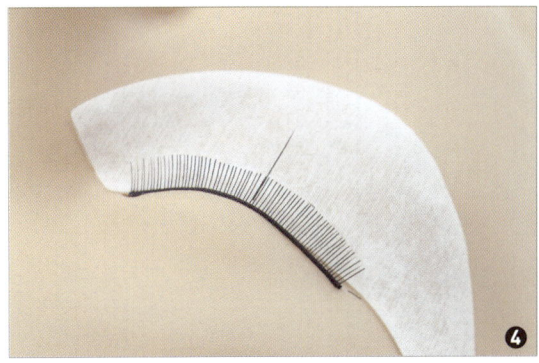
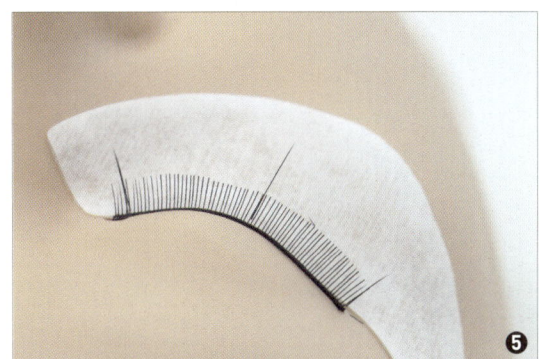

⑥ 속눈썹 앞머리 8mm와 눈중앙 12mm 사이 중앙에 기준점을 잡아 11mm로 시술한다.

속눈썹 꼬리 9mm와 눈중앙 12mm 사이 중앙에 기준점을 잡아 11mm로 시술한다.

속눈썹 앞머리 8mm와 11mm 가운데 기준점을 잡아 10mm로 시술한다.

속눈썹 꼬리 9mm와 11mm의 중앙에 10mm로 기준점을 잡아 시술한다.

눈중앙 12mm와 앞머리 11mm 사이, 눈중앙과 속눈썹 꼬리 11mm 사이는 12mm로 시술한다.

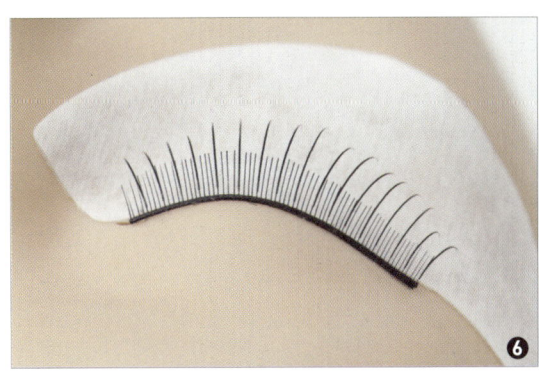
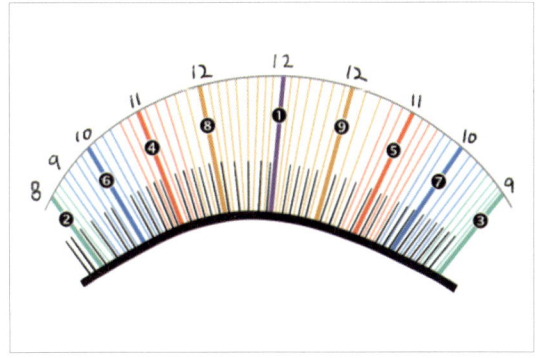

▲ **길이별 기준점**
(속눈썹 앞머리부터 8, 9, 10, 11, 12, 11, 10, 9mm의 길이 순서로 기준점을 잡아준다.)

⑦ 속눈썹 앞머리부터 8, 9, 10, 11, 12, 11, 10, 9mm의 길이 순서로 시술하며, 길이별로 기준점을 잡아주며 시술하도록 한다.
⑧ 전체적으로 자연스럽게 부채꼴 모양이 되도록 완성하고 시술 후에 속눈썹 브러시로 정리한다.

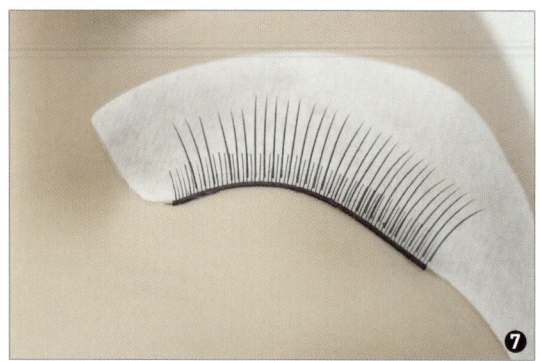

2 섹시 스타일 J컬 0.15 (9~12mm)

속눈썹 꼬리 방향으로 갈수록 긴 사이즈로 시술한다. 눈매가 양옆으로 길고 도외적·서구적 이미지에 어울리며 가운데로 몰린 눈에 어울린다.

시술 방법 및 순서

① 5~6mm의 인조속눈썹이 부착된 마네킹을 준비한다.
② 속눈썹 연장 시술 전 손과 도구류, 마네킹의 작업 부위를 소독하고 적절한 위치에 아이패치를 부착한다.
③ 우드 스파츌라를 이용하여 마이크로 브러시(또는 면봉)로 전처리제를 고르게 도포한다.

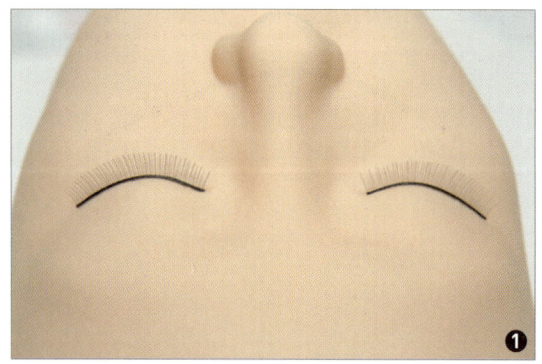

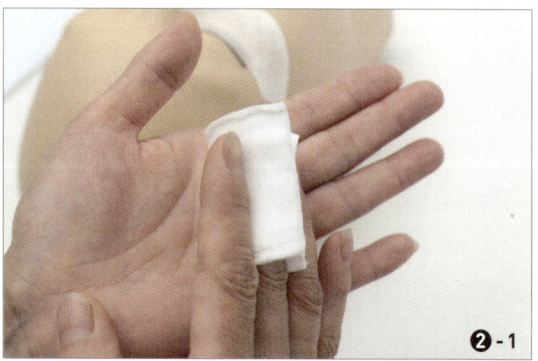

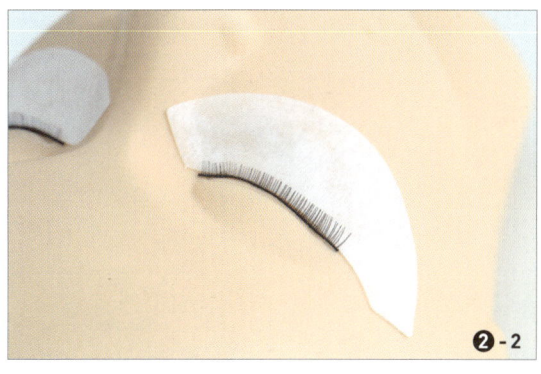 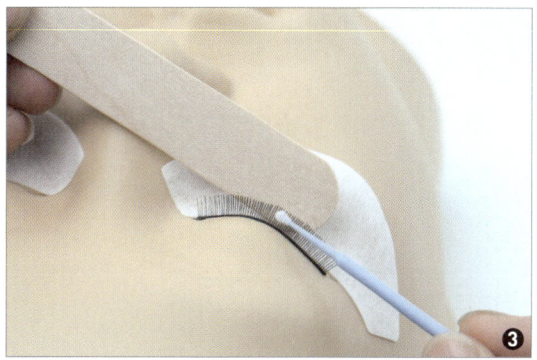

④ 인조속눈썹의 중앙에 11mm의 가모로 기준을 잡아준다. 이때 반드시 속눈썹 뿌리에서 0.1~0.2mm의 간격을 띄우고 시술한다.

⑤ 속눈썹 앞머리 2~3가닥에는 가모를 붙이지 않으며, 속눈썹 앞머리는 9mm, 속눈썹 꼬리는 12mm로 시술한다.

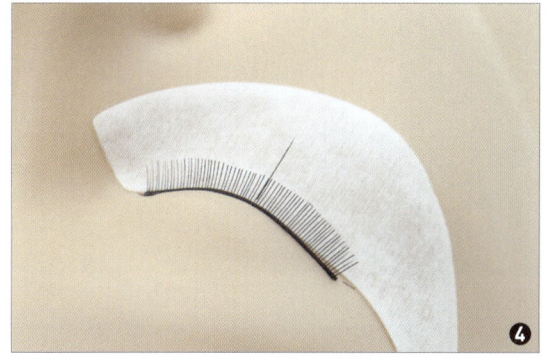 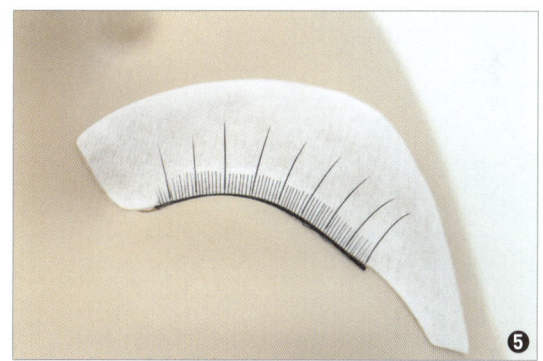

⑥ 속눈썹 앞머리 9mm부터 중앙 11mm 길이 사이에 기준점을 잡아 10mm로 시술한다.

⑦ 중앙 기준점 11mm와 속눈썹 꼬리 12mm 사이에 기준점을 잡아 12mm 길이로 시술한다.

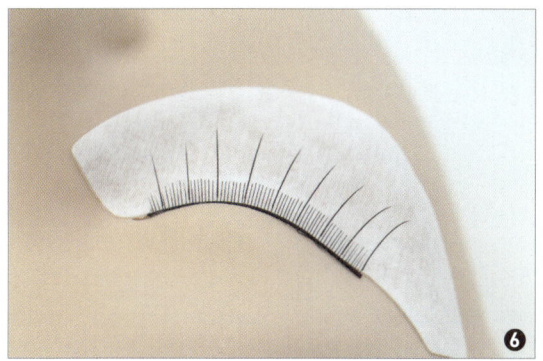 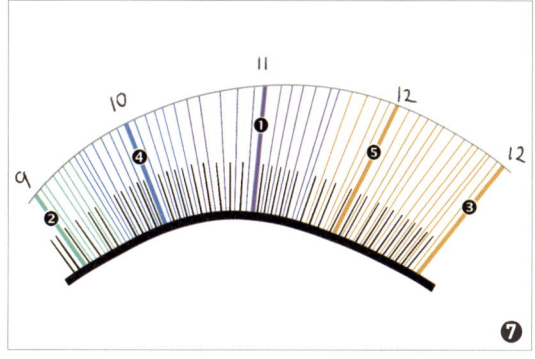

⑧ 속눈썹 앞머리부터 9, 10, 11, 12, 12mm의 길이 순서로 시술하며, 길이별로 기준점을 잡아주며 시술하도록 한다.
⑨ 전체적으로 속눈썹 꼬리 방향으로 갈수록 긴 속눈썹 스타일로 연출하고, 시술 후에 속눈썹 브러시로 정리한다.

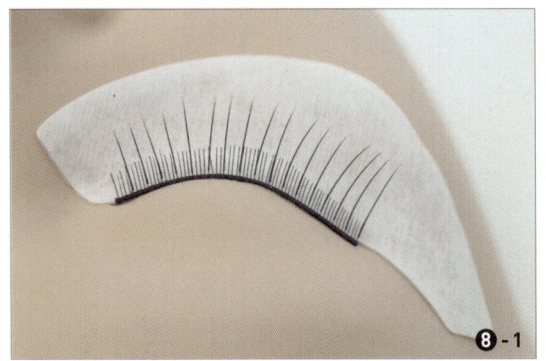
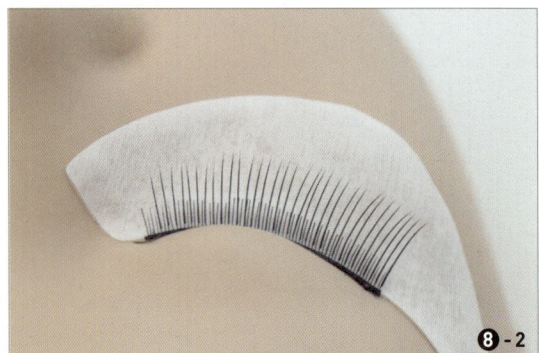
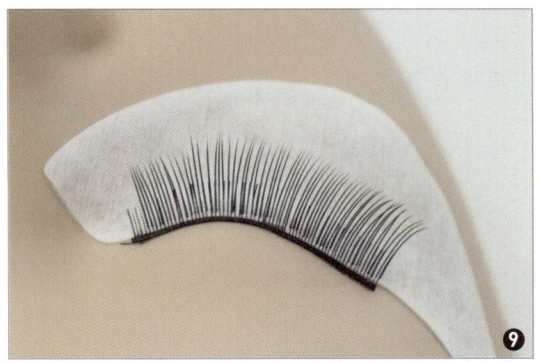

3 큐티 스타일 J컬 0.15/0.20 (9~12mm)

귀여운 이미지를 위한 동그란 눈매를 연출한다. 발랄하고 사랑스러운 이미지를 표현하기 위하여 중간중간 포인트를 길고 굵은 가모(0.20mm 두께)로 시술한다.

🔹 시술 방법 및 순서

① 5~6mm의 인조속눈썹이 부착된 마네킹을 준비한다.
② 속눈썹 연장 시술 전 손과 도구류, 마네킹의 작업 부위를 소독하고 적절한 위치에 아이패치를 부착한다.

③ 우드 스파츌라를 이용하여 마이크로 브러시(또는 면봉)로 전처리제를 고르게 도포한다.

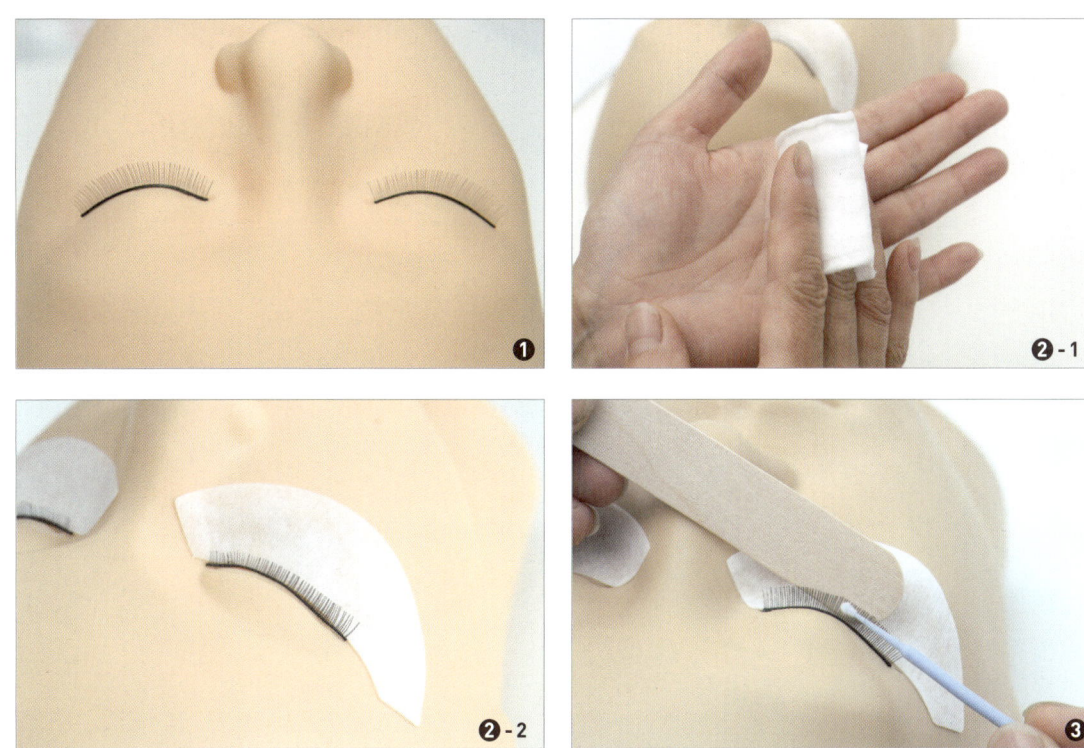

④ 인조속눈썹의 중앙에 12mm(0.20mm 두께)의 가모로 기준을 잡아준다. 이때 반드시 속눈썹 뿌리에서 0.1~0.2mm의 간격을 띄우고 시술한다.

⑤ 속눈썹 앞머리 2~3가닥에는 가모를 붙이지 않으며, 속눈썹 앞머리는 9mm(0.20mm 두께), 속눈썹 꼬리는 11mm(0.20mm 두께)로 시술한다.

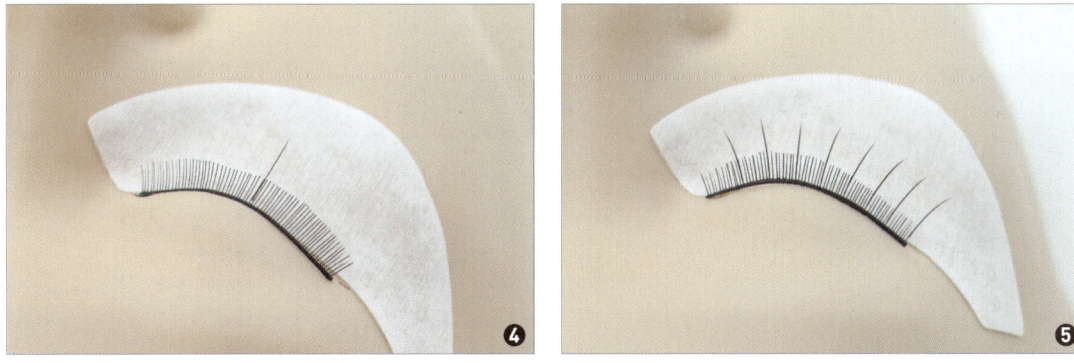

⑥ 속눈썹 앞머리 9mm와 눈중앙 12mm 사이 중앙에 기준점을 잡아 11mm(0.20mm 두께)로 시술한다. 속눈썹 꼬리 11mm와 눈중앙 12mm 사이 중앙에 기준점을 잡아 12mm(0.20mm 두께)로 시술한다.

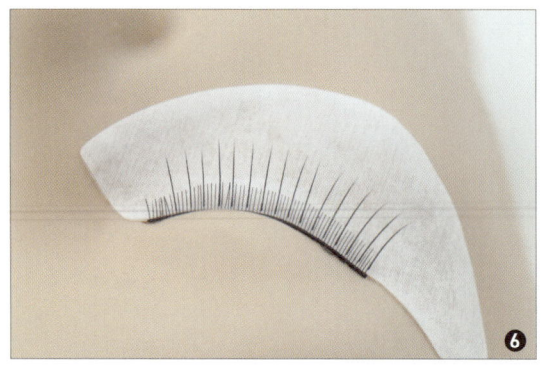 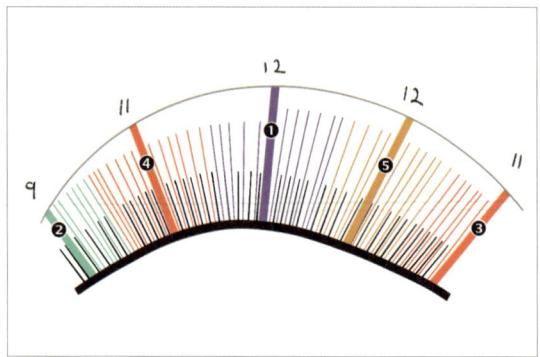

⑦ 속눈썹 앞머리부터 9mm와 11mm 사이, 가운데 중앙 기준점 12mm 사이에는 9mm(0.15mm 두께)로 시술하고, 중앙 기준점 12mm부터 속눈썹 꼬리 11mm 사이에는 10mm(0.15mm 두께)로 시술한다.
⑧ 속눈썹 앞머리부터 길이 순서로 시술하며, 길이별로 기준점을 잡아주며 시술하도록 한다.
⑨ 시술 후에 속눈썹 브러시로 정리해서 마무리한다.

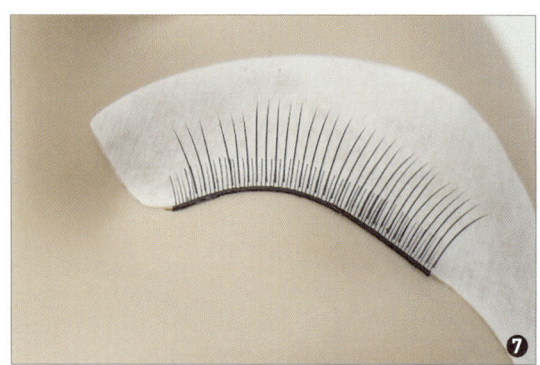 

4 볼륨 라운드 스타일 C컬 0.20 (8~12mm)

C컬의 시술 테크닉에 중점을 둔다. 핀셋은 가모의 1/2 지점을 잡고, 글루는 1/3 지점까지만 묻힌다. 시술 후 눈썹 뿌리 부근의 접착 각도를 확인한다. (내추럴 부채꼴 모양의 기본 디자인)

시술 방법 및 순서

① 5~6mm의 인조속눈썹이 부착된 마네킹을 준비한다.
② 속눈썹 연장 시술 전 손과 도구류, 마네킹의 작업 부위를 소독하고 적절한 위치에 아이패치를 부착한다.

③ 우드 스파츌라를 이용하여 마이크로 브러시(또는 면봉)로 전처리제를 고르게 도포한다.

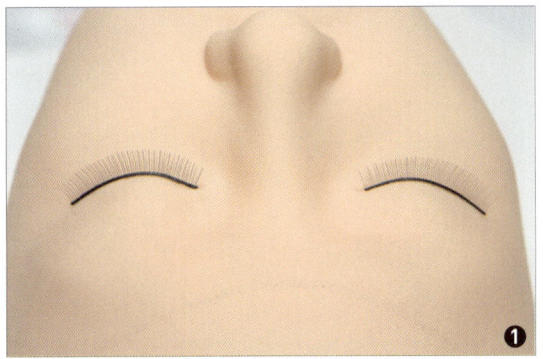
❶

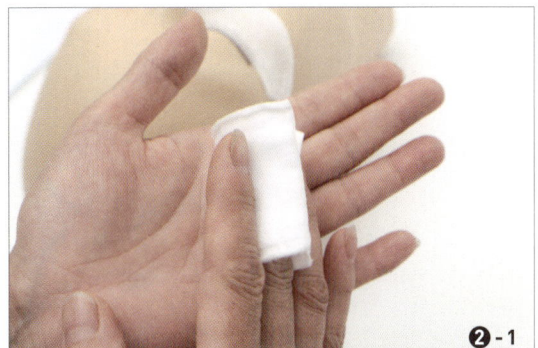
❷-1

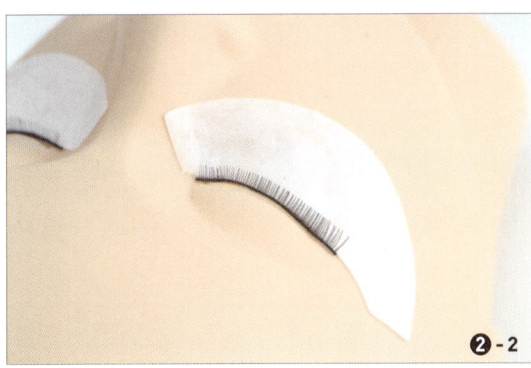
❷-2

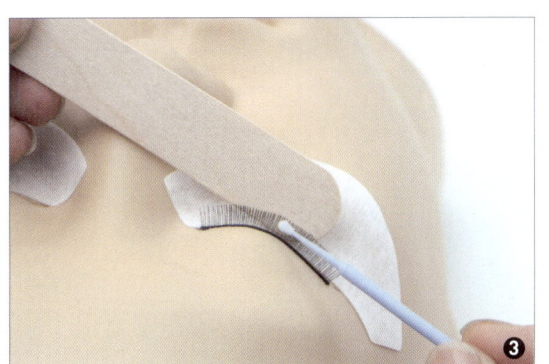
❸

④ 인조속눈썹의 중앙에 12mm(0.20mm의 두께)의 가모로 기준을 잡아준다. 이때 반드시 속눈썹 뿌리에서 0.1~0.2mm의 간격을 띄우고 시술한다.

⑤ 속눈썹 앞머리 2~3가닥에는 가모를 붙이지 않으며, 속눈썹 앞머리는 8mm(0.20mm의 두께)로 시술한다. 속눈썹 꼬리는 9mm(0.20mm의 두께)로 시술한다.

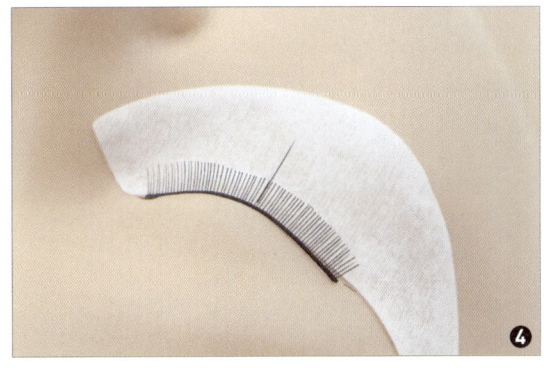
❹

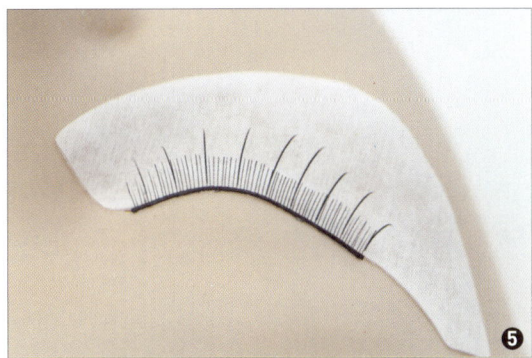
❺

⑥ 속눈썹 앞머리 8mm와 눈중앙 12mm 사이 중앙에 기준점을 잡아 11mm(0.20mm의 두께)로 시술하고, 속눈썹 꼬리 9mm와 눈중앙 12mm 사이 중앙에 기준점을 잡아 11mm(0.20mm의 두께)로 시술한다.

속눈썹 꼬리 9mm와 11mm의 중앙에 10mm(0.20mm의 두께)로 기준점을 잡아 시술한다.

⑦ 속눈썹 앞머리 8mm와 11mm 가운데 기준점을 잡아 10mm로 시술한다. 눈중앙 기준점 12mm와 속눈썹 앞머리쪽 11mm와 중앙에 12mm, 속눈썹 꼬리쪽으로 11mm 사이에 12mm로 시술한다.

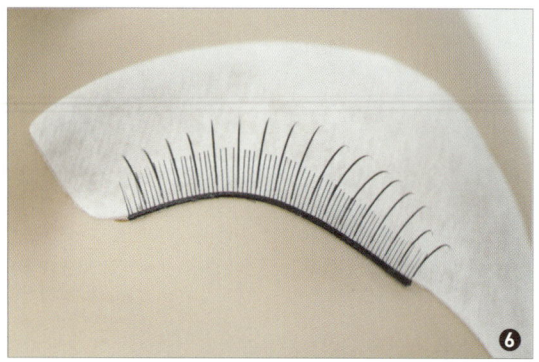

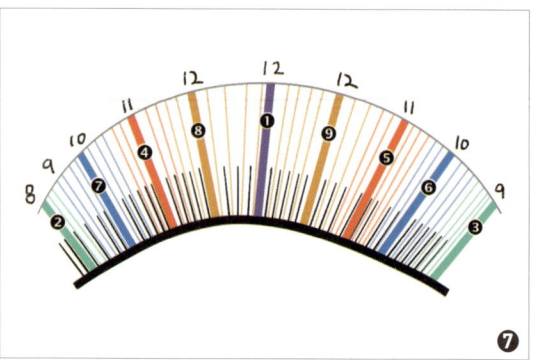

⑧ 속눈썹 앞머리부터 8, 9, 10, 11, 12, 11, 10, 9mm의 길이 순서로 시술하며, 길이별로 기준점을 잡아주며 시술하는 것이 좋다.

⑨ 전체적으로 자연스럽게 부채꼴 모양이 되도록 완성하고 시술 후에 속눈썹 브러시로 정리한다.

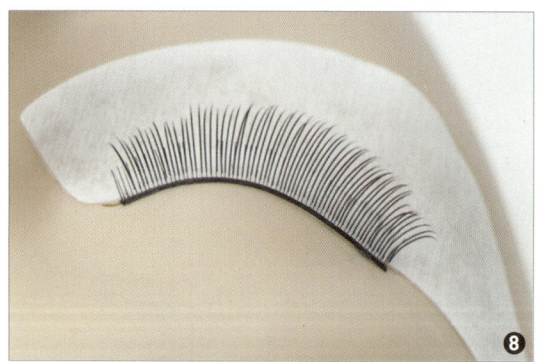

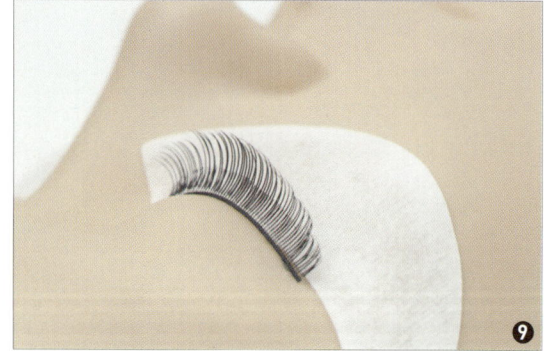

5　레이어드 스타일 JC컬 0.20 / C컬 0.20 (8~12mm)

JC컬과 C컬을 레이어드로 믹싱하여 내추럴 부채꼴 모양의 기본 디자인이다.

1단계 (JC컬 0.20mm)

■ 시술 방법 및 순서

① 5~6mm의 인조속눈썹이 부착된 마네킹을 준비한다.

② 속눈썹 연장 시술 전 손과 도구류, 마네킹의 작업 부위를 소독하고 적절한 위치에 아이패치를 부착한다.
③ 우드 스파츌라를 이용하여 마이크로 브러시(또는 면봉)로 전처리제를 고르게 도포한다.

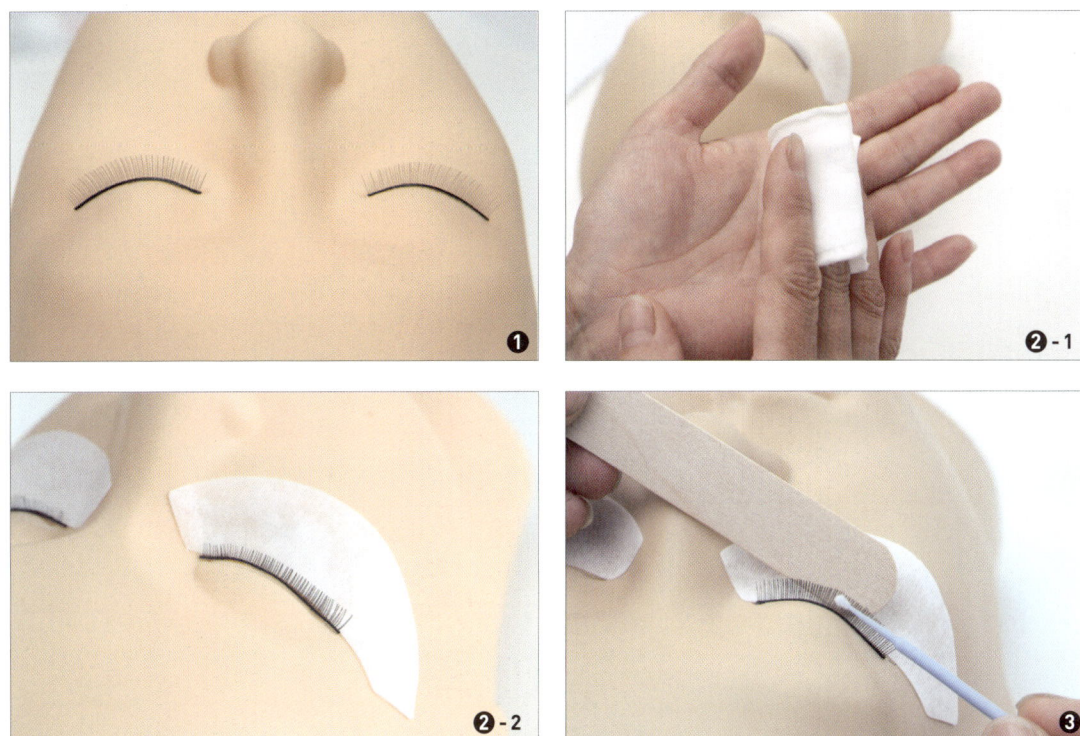

④ 인조속눈썹의 중앙에 JC컬 12mm(0.20mm의 두께)의 가모로 기준을 잡아준다. 이때 반드시 속눈썹 뿌리에서 0.1~0.2mm의 간격을 띄우고 시술한다.
⑤ 속눈썹 앞머리 2~3가닥에는 가모를 붙이지 않으며, 속눈썹 앞머리는 JC컬 8mm(0.20mm의 두께)로 시술한다. 속눈썹 꼬리는 JC컬 9mm(0.20mm의 두께)로 시술한다.

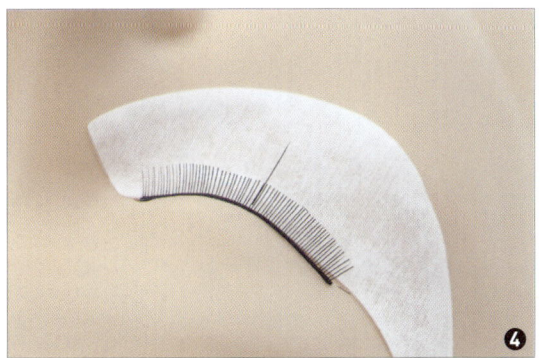 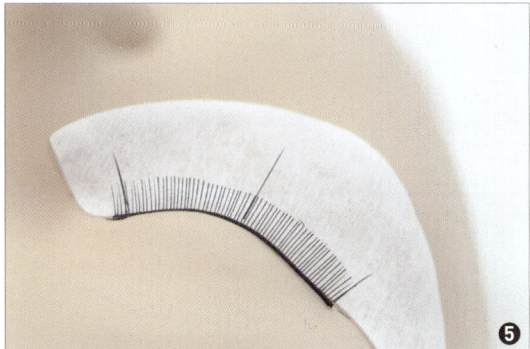

⑥ 속눈썹 꼬리 9mm와 눈중앙 12mm 사이 중앙에 기준점을 잡아 JC컬 11mm(0.20mm의 두께)로 시술한다.

속눈썹 앞머리 8mm와 눈중앙 12mm 사이 중앙에 기준점을 잡아 JC컬 11mm(0.20mm의 두께)로 시술한다.

속눈썹 꼬리 9mm와 JC컬 11mm의 중앙에 JC컬 10mm(0.20mm의 두께)로 기준점을 잡아 시술한다.

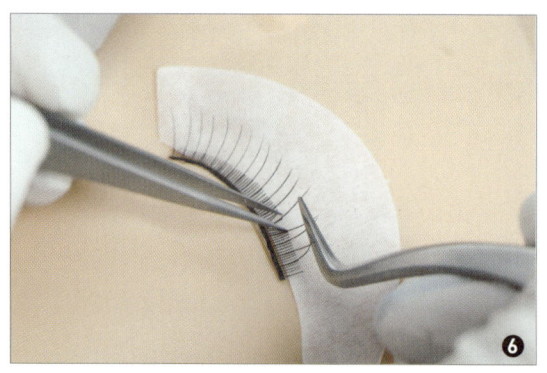
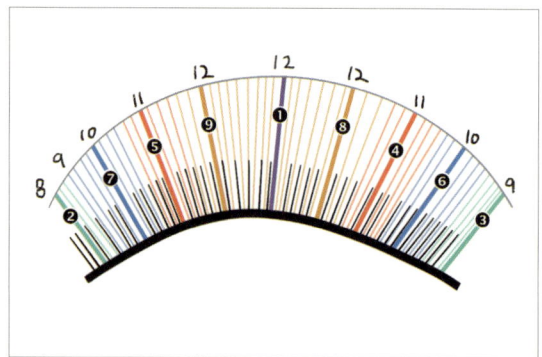

⑦ 속눈썹 앞머리 8mm와 11mm 가운데 기준점을 잡아 JC컬 10mm(0.20mm의 두께)로 시술한다. 눈중앙 기준점 12mm와 속눈썹 앞머리 11mm 중앙에 JC컬 12mm(0.20mm의 두께)로 시술한다.

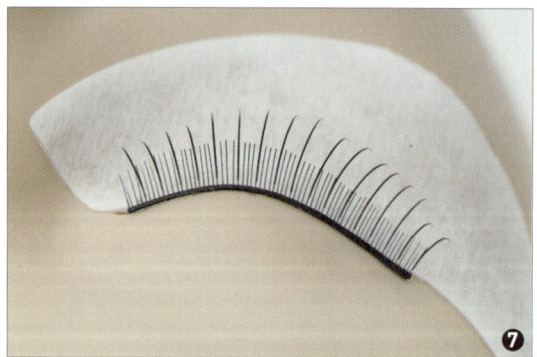

2단계 (C컬 0.20mm)

JC컬로 완성한 부채꼴 위에 레이어드로 시술한다.

▎ 시술 방법 및 순서

⑧ JC컬(0.2mm의 두께)로 잡은 기준점 사이에 C컬을 사이사이 넣어준다. 이때 반드시 속눈썹 뿌리에서 0.1~0.2mm의 간격을 띄우고 시술한다.

⑨ 속눈썹 중앙 기준점 JC컬 12mm(0.20mm의 두께) 사이에 12mm(C컬 0.2mm)를 시술한다.

⑩ 속눈썹 앞머리 2~3가닥에는 가모를 붙이지 않으며, 속눈썹 앞머리 JC컬 8mm(0.20mm의 두께)와 10mm(0.20mm의 두께) 사이에 8~10mm(C컬 0.2mm)를 길이 순서대로 시술한다.

⑪ 눈꼬리 9mm(0.20mm의 두께)와 10mm 사이에 9~10mm(C컬 0.2mm)를 시술한다.

⑫ 속눈썹 1mm(0.20mm의 두께)와 12mm 사이에 11~12mm(C컬 0.2mm)를 시술한다.

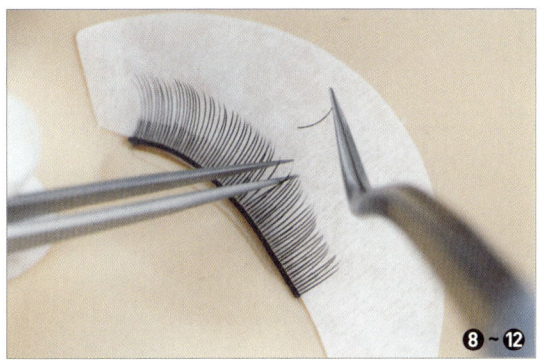

▲ C컬 올리기

▲ 속눈썹 앞머리부터 C컬 8, 9, 10, 11, 12, 11, 10, 9mm의 길이 순서로 기준점 사이를 채우듯 연장한다.

⑬ 속눈썹 앞머리부터 C컬 8, 9, 10, 11, 12, 11, 10, 9mm의 길이 순서로 시술하며, 길이별로 기준점 사이사이에 C컬을 채워주며 시술한다.

⑭ 전체적으로 자연스럽게 부채꼴 모양이 되도록 완성하고 시술 후에 속눈썹 브러시로 정리한다.

▲ 풍성한 부채꼴 디자인이 되도록 C컬을 길이별로 채워 붙인다.

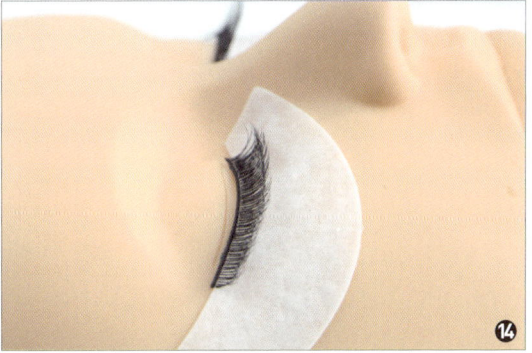

▲ 전체적으로 자연스럽게 부채꼴 모양이 되도록 완성하고 시술 후에 속눈썹 브러시로 정리한다.

6 3D증모 스타일 / J컬 or JC컬 or C컬 0.15 or 0.20 (8~12mm)

Y래쉬(또는 W래쉬) 한가닥에 2개나 3개의 모가 연결되어 있는 증모 가모로 시술한다. 풍성한 눈썹 연출이나 숱이 적거나 속눈썹 방향이 일정하지 않은 경우, 전체 모를 시술하지 않아도 풍성한 속눈썹을 연출할 수 있다. 시술 시간 단축의 장점이 있다.

🔖 시술 방법 및 순서

① 5~6mm의 인조속눈썹이 부착된 마네킹을 준비한다.
② 속눈썹 연장 시술 전 손과 도구류, 마네킹의 작업 부위를 소독하고 적절한 위치에 아이패치를 부착한다.
③ 우드 스파츌라를 이용하여 마이크로 브러시(또는 면봉)로 전처리제를 고르게 도포한다.

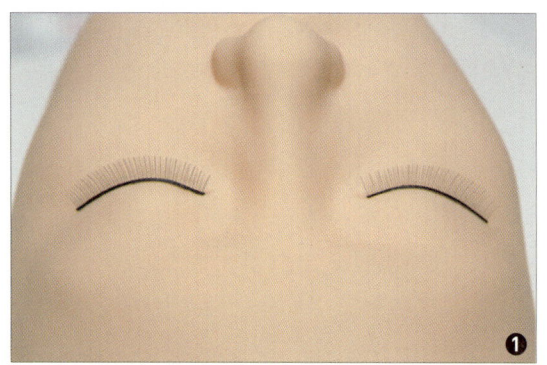
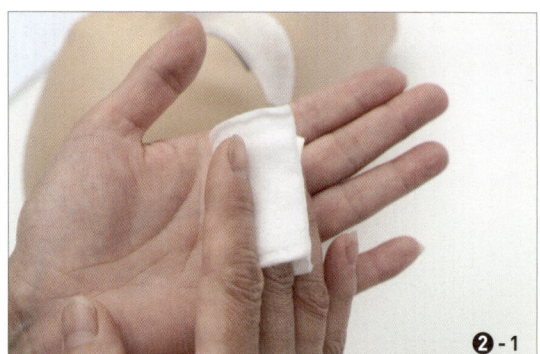
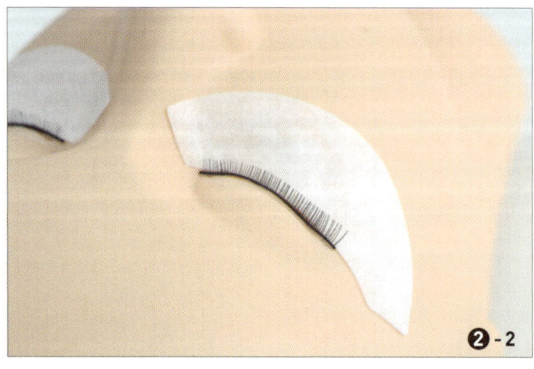
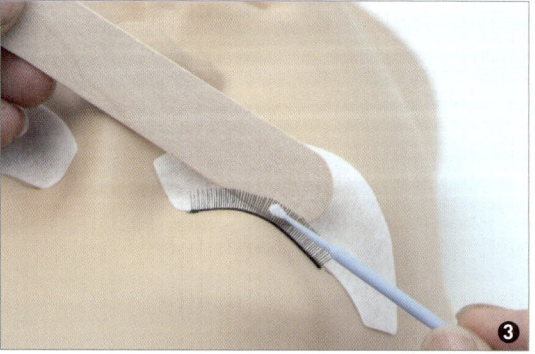

④ 인조속눈썹의 중앙에 12mm의 가모로 기준을 잡아준다. 이때 반드시 속눈썹 뿌리에서 0.1~0.2mm의 간격을 띄우고 시술한다.
⑤ 속눈썹 앞머리 2~3가닥에는 가모를 붙이지 않으며, 속눈썹 앞머리는 8mm로 연장한다. 속눈썹 꼬리는 9mm로 연장한다.

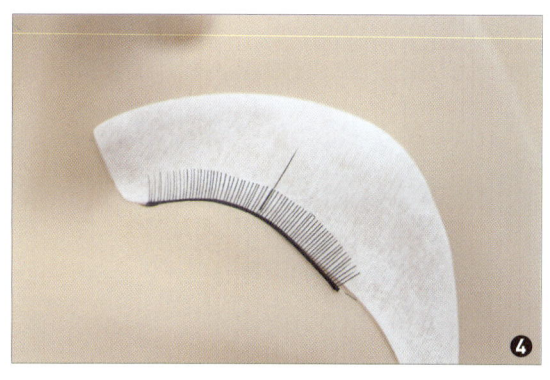 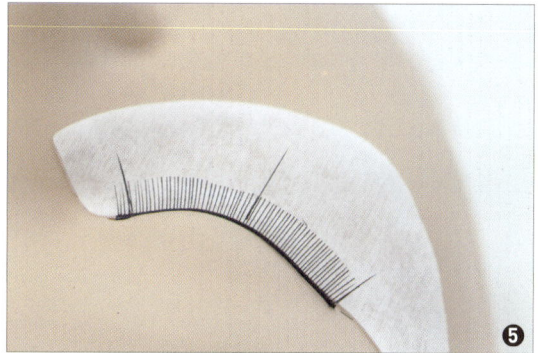

⑥ 속눈썹 꼬리 9mm와 눈 중앙 12mm 사이 중앙에 기준점을 잡아 11mm로 시술한다.

 속눈썹 앞머리 8mm와 눈 중앙 12mm 사이 중앙에 기준점을 잡아 11mm로 시술한다.

 속눈썹 꼬리 9mm와 11mm의 중앙에 10mm로 기준점을 잡아 시술한다.

⑦ 속눈썹 앞머리 8mm와 11mm 가운데 기준점을 잡아 10mm로 시술한다.

 눈 중앙 기준점 12mm와 속눈썹 앞머리쪽 11mm 중앙에 12mm로 시술한다.

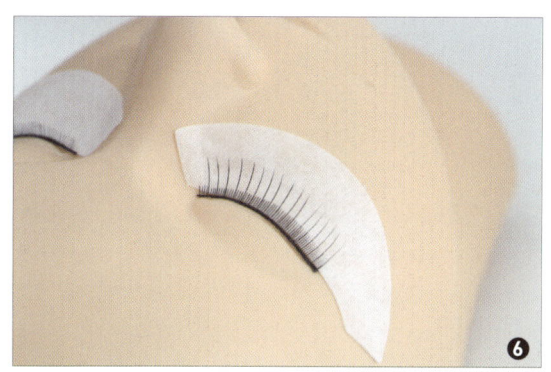 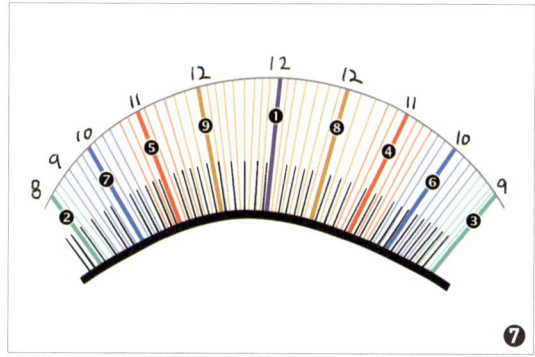

▲ 속눈썹 앞머리부터 8, 9, 10, 11, 12, 11, 10, 9mm의 길이가 순서로 기준점을 잡아준다.

⑧ 속눈썹 앞머리부터 8, 9, 10, 11, 12, 11, 10, 9mm의 기준점 사이사이에 3D증모 Y래쉬나 W래쉬를 길이별로 시술하여 증모한다.

⑨ 전체적으로 자연스럽게 부채꼴 모양이 되도록 완성하고 시술 후에 속눈썹 브러시로 정리한다.

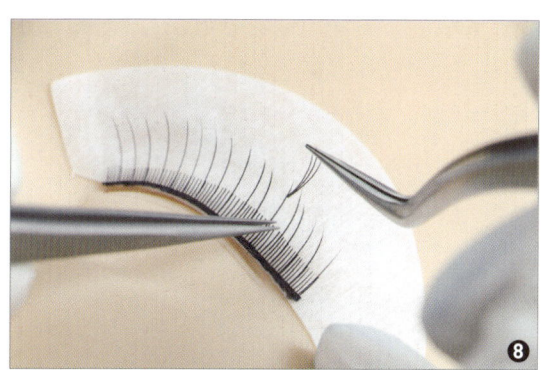 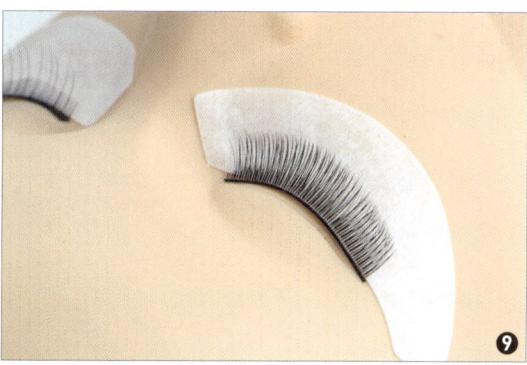

7 5D증모 스타일 / J컬 or JC컬 or C컬 0.15 or 0.20 (8~12mm)

W래쉬 한가닥에 3~5개의 인조모가 연결된 제품으로 전체 속눈썹 시술보다 부분 볼륨에 시술된다. 시술 시간이 단축되는 장점이 있으며, 건강모에 시술하는 것이 좋다.

시술 방법 및 순서

① 5~6mm의 인조속눈썹이 부착된 마네킹을 준비한다.
② 속눈썹 연장 시술 전 손과 도구류, 마네킹의 작업 부위를 소독하고 적절한 위치에 아이패치를 부착한다.
③ 우드 스파츌라를 이용하여 마이크로 브러시(또는 면봉)로 전처리제를 고르게 도포한다.

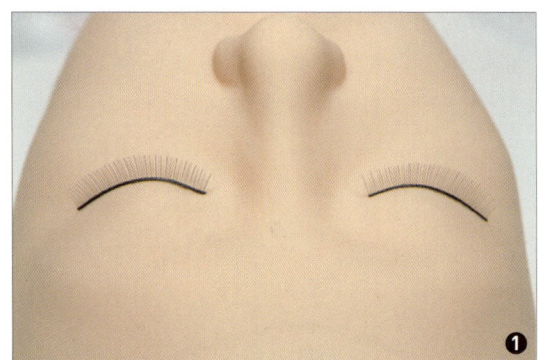
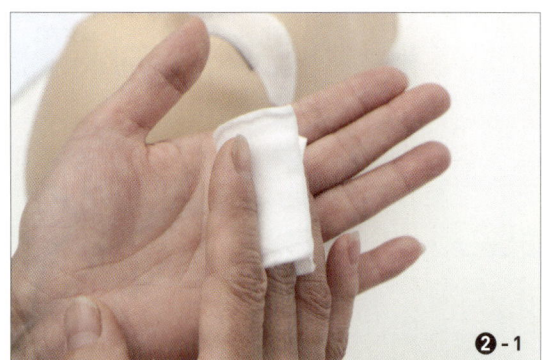
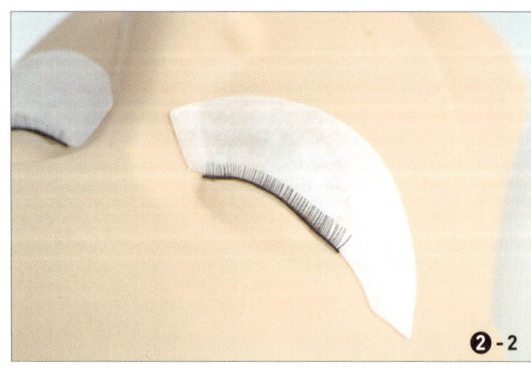
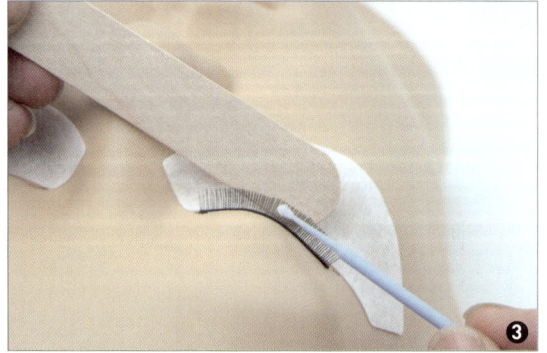

④ 인조속눈썹의 중앙에 12mm의 가모로 기준을 잡아준다. 이때 반드시 속눈썹 뿌리에서 0.1~0.2mm의 간격을 띄우고 시술한다.
⑤ 속눈썹 앞머리 2~3가닥에는 가모를 붙이지 않으며, 속눈썹 앞머리는 8mm로 시술하고 속눈썹 꼬리는 9mm로 시술한다.

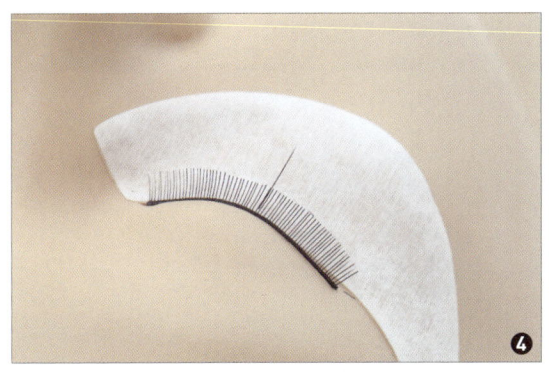
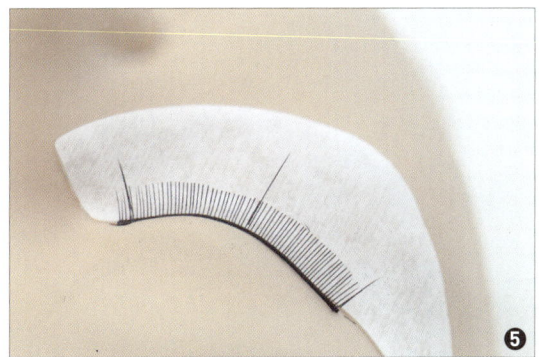

⑥ 속눈썹 꼬리 9mm와 눈 중앙 12mm 사이 중앙에 기준점을 잡아 11mm로 시술한다.

속눈썹 앞머리 8mm와 눈 중앙 12mm 사이 중앙에 기준점을 잡아 11mm로 시술한다.

속눈썹 꼬리 9mm와 11mm의 중앙에 10mm로 기준점을 잡아 시술한다.

⑦ 속눈썹 앞머리 8mm와 11mm 가운데 기준점을 잡아 10mm로 시술한다.

눈 중앙 기준점 12mm와 앞머리쪽 11mm 중앙에 12mm로 시술한다.

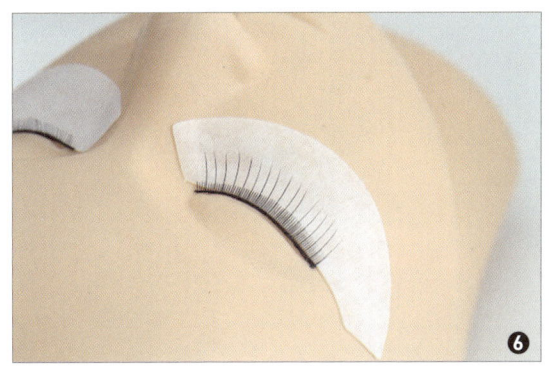
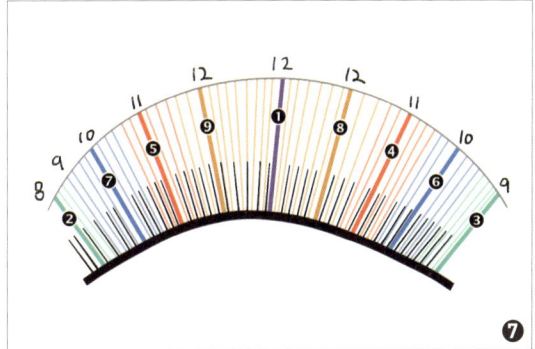

▲ 속눈썹 앞머리부터 8, 9, 10, 11, 12, 11, 10, 9mm의 길이 순서로 기준점을 잡는다.

⑧ 속눈썹 앞머리부터 8, 9, 10, 11, 12, 11, 10, 9mm의 기준점 사이사이에 W래쉬(5D)로 증모한다.

⑨ 전체적으로 자연스럽게 부채꼴 모양이 되도록 완성하고 시술 후에 속눈썹 브러시로 정리한다.

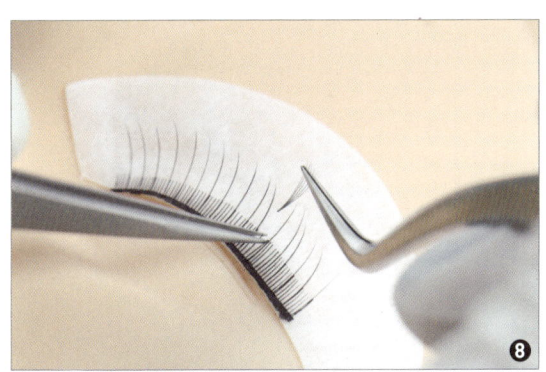

스타일에 따른 속눈썹 디자인 실습

❶ 내추럴 스타일

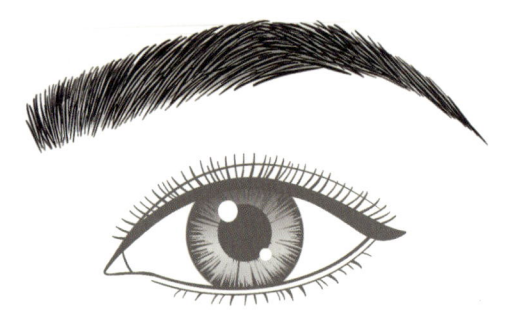

속눈썹 형태(컬 및 길이)	
스타일 특징	

❷ 섹시 스타일

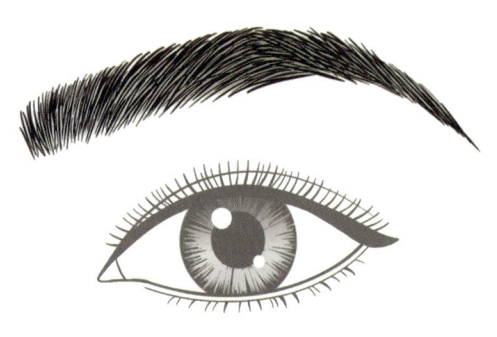

속눈썹 형태(컬 및 길이)	
스타일 특징	

❸ 큐티 스타일

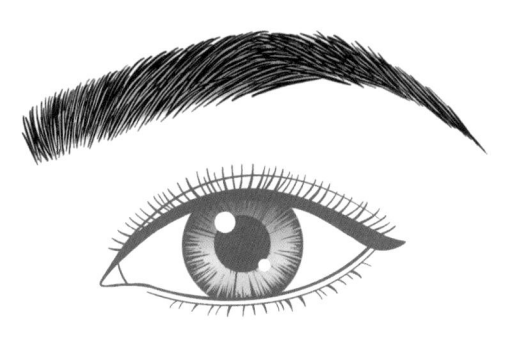 

속눈썹 형태(컬 및 길이)	
스타일 특징	

❹ 볼륨 라운드 스타일

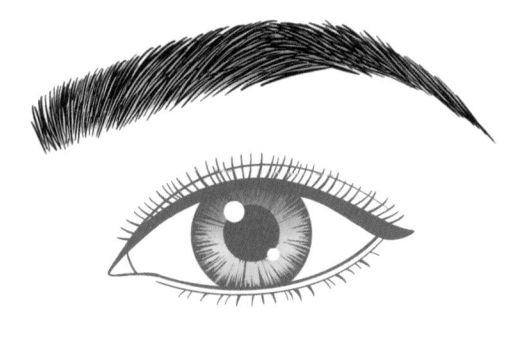 

속눈썹 형태(컬 및 길이)	
스타일 특징	

❺ 레이어드 스타일

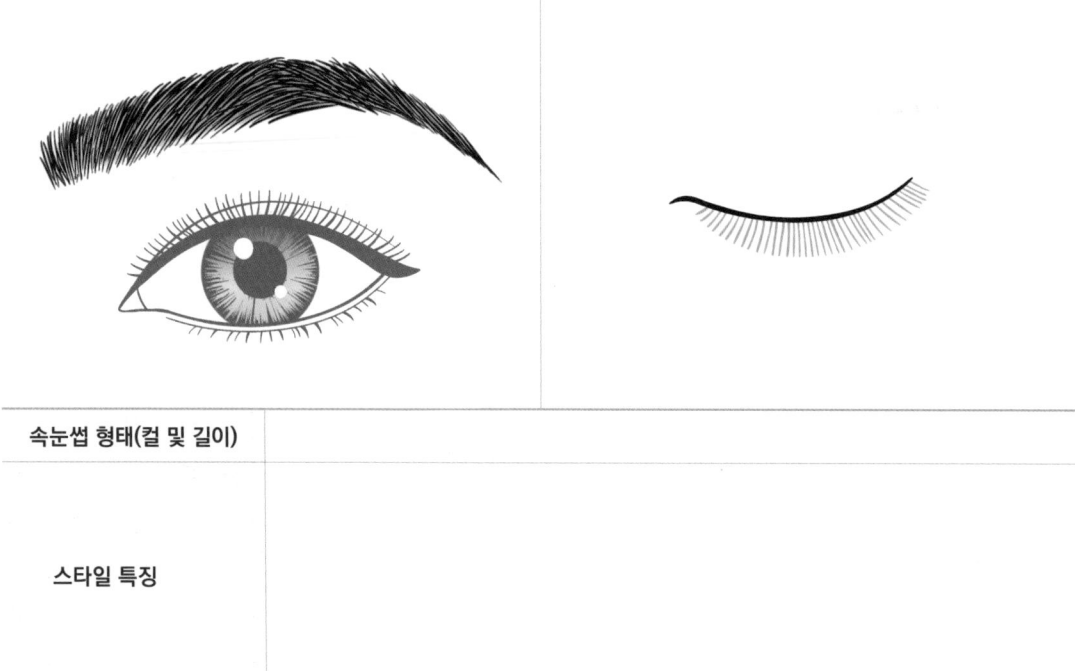

속눈썹 형태(컬 및 길이)	
스타일 특징	

❻ 3D증모 스타일

속눈썹 형태(컬 및 길이)	
스타일 특징	

❼ 5D증모 스타일

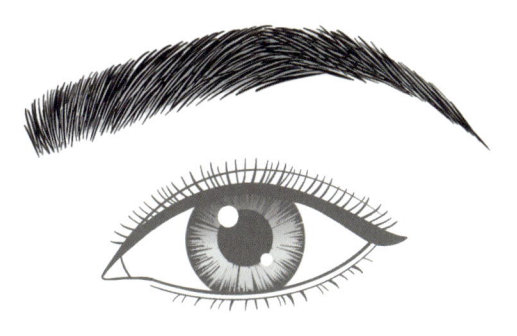 

속눈썹 형태(컬 및 길이)	
스타일 특징	

속눈썹
디자인

Chapter 04

속눈썹 펌 실기

4장에서는 속눈썹 펌의 개념과 원리를 알아보고, 속눈썹 펌에 필요한 도구와 재료, 카운슬링 방법 등에 관하여 숙지한다. 속눈썹 펌의 준비사항 및 실기 과정과 시술 테크닉에 알아보도록 한다.

01 속눈썹 펌의 개념

속눈썹 펌이란 속눈썹 펌제와 속눈썹 펌 전용 롯드를 이용하여 속눈썹에 퍼머넌트 웨이브를 시행하는 것으로 뷰러(Eyelash Curler)를 사용한 것처럼 컬링을 만들어 최저 2주에서 최대 8주까지 유지되는 것을 말한다.

현재 속눈썹 연장처럼 국내·외에서 자주 시술되는 뷰티의 한 분야로서 래쉬 리프트(Lash lift)라고도 한다. 또한 속눈썹이 눈을 찌를 경우, 눈의 편안함을 위해 속눈썹 펌 시술을 받기도 한다.

02 속눈썹 펌의 원리

속눈썹 펌은 속눈썹에 롯드를 부착하여 화장품인 속눈썹 펌제를 이용하여 모발조직에 변화를 주어 눈매에 맞는 컬링을 만들어 완성한다. 펌제는 속눈썹을 연화하는 제1액과 속눈썹을 중화하는 제2액으로 구분된다.

1 속눈썹의 특징

① 속눈썹은 주성분인 케라틴이라는 탄력성이 있는 경단백질로 구성되어 있다.
② 케라틴의 구성 아미노산 중에서 가장 함유량이 많은 시스틴은 황(S)을 함유하고 있다.
③ 케라틴은 각종 아미노산들이 펩타이드결합(쇠사슬 구조)을 하고 있다.
④ 케라틴의 폴리펩타이드 구조는 속눈썹을 잡아당기면 늘어나고, 힘을 제거하면 원상태로 돌아가는 탄성력을 가지고 있다.

2 속눈썹 펌제의 화학적인 작용 원리

속눈썹 펌의 기본원리는 속눈썹 펌제를 일정시간 속눈썹에 방치하여 환원작용과 산화작용을 이용한 것이다.

1. 제1액의 환원작용
① 자연 상태의 시스틴결합을 화학적으로 절단(환원)시켜 속눈썹을 원하는 형태로 컬링을 만들 수 있다. 제1액의 환원제로 가장 많이 사용되는 치오글리콜산과 시스테아민HCL을 주체로 하고 있다.

② 환원을 돕는 알칼리제로 암모니아는 휘발성이 좋으나 냄새가 심하게 나는 단점이 있고, 모노에탄올아민(MEA)은 냄새가 전혀 나지 않으나, 강한 알칼리이기 때문에 잔류 가능성이 매우 높다는 단점이 있다. 하지만 주성분을 잘 이해하여 ph는 높으나 점성이 묽다면 안심해서 사용할 수는 있다. 모발이 절단되거나 녹는 것을 최소화하려면 시술 후에 반드시 샴푸와 물로 깨끗하게 헹궈줘야 한다. (단, 알레르기 반응은 사람마다 다르게 반응할 수 있으므로 정확한 카운슬링이 필요하다.)
③ 케라틴 단백질로 구성된 속눈썹은 폴리펩티드결합, 시스틴결합(이황화결합), 염결합 및 수소결합을 하고 있으며 그 중에서 속눈썹파마는 시스틴결합을 이용한다.
④ 속눈썹에 환원제인 치오글리콜산(시스테아민HCL)과 알칼리로 처리하면 알칼리 성분에 모발이 팽윤되고, 팽윤된 모발에 치오글리콜산이 침투하여 측쇄 결합된 시스틴결합(-S-S-)을 환원작용으로 연결을 끊어 (-SH-)로 만든 후 원하는 컬링을 완성한다. 그 후에 산화제(중화제)를 이용하여 끊어진 부분을 연결시켜 모양이 다른 (-S-S-)을 만들어 컬을 예쁘게 고정한다.

2. 제2액의 산화작용

① 원하는 형태로 컬을 만든 후에 시스테인으로 되며 그 상태 그대로 다시 복원하는 시스틴결합으로 산화시켜 다시 새로운 이황화결합이 되며 속눈썹컬을 고정시킨다.
② 산화제로 가장 많이 사용되는 브롬산나트륨(소듐브로메이트)과 과산화수소가 있다.

> **TIP**
>
> **산화제와 환원제**
> - 산화제: 산소(O)를 결합시키거나 수소(H)를 빼앗는 물질
>   예 브롬산칼륨, 브롬산나트륨, 과산화수소 등
> - 환원제: 산소(O)를 빼앗거나 수소(H)를 결합시키는 물질
>   예 치오글리콜산, 시스테인, 아황산수소나트륨 등

03. 속눈썹 펌 준비

1 속눈썹 펌 준비물

| 미리보기 |

| 세부항목 |

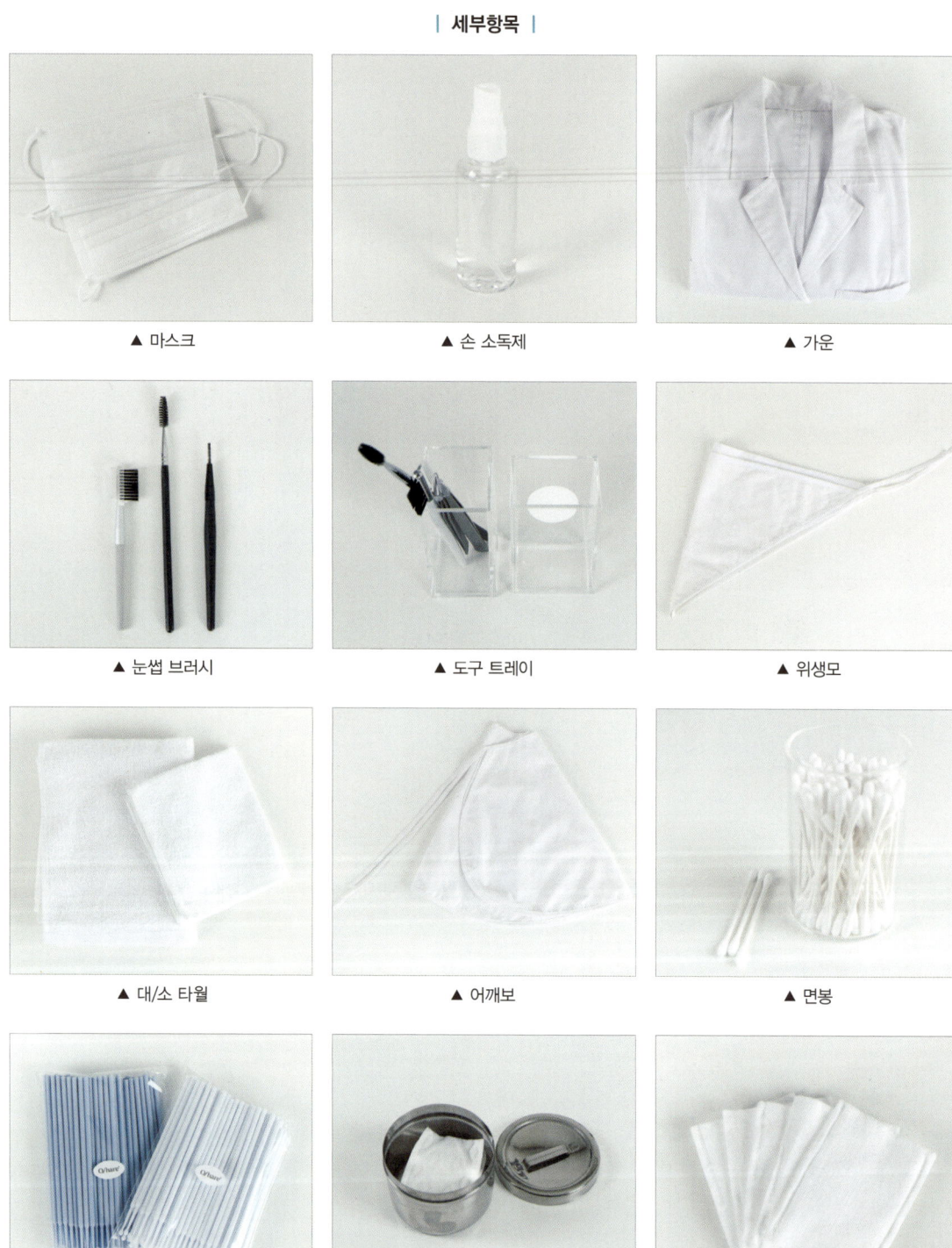

▲ 마스크 ▲ 손 소독제 ▲ 가운

▲ 눈썹 브러시 ▲ 도구 트레이 ▲ 위생모

▲ 대/소 타월 ▲ 어깨보 ▲ 면봉

▲ 마이크로 브러시 ▲ 알코올 솜통 ▲ 코튼

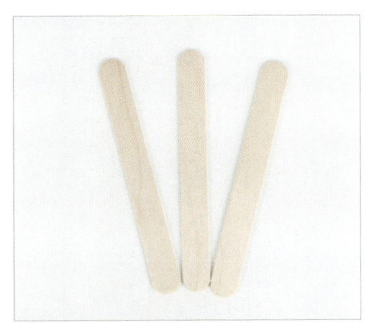
▲ 우드 스틱

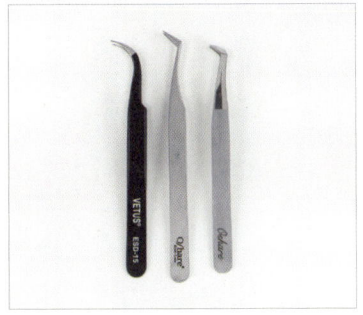
▲ 핀셋

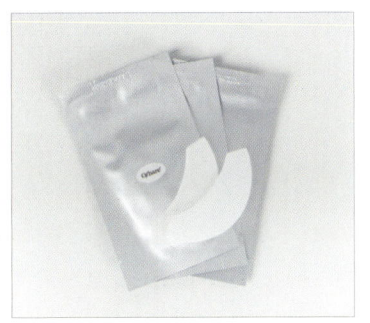
▲ 아이패치

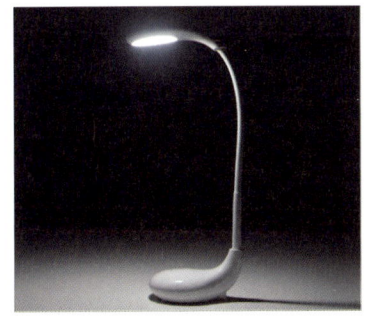
▲ 스탠드

▲ 송풍기

▲ 펌 제1/2액

▲ 1회용 펌 제1/2액

▲ 펌 롯드

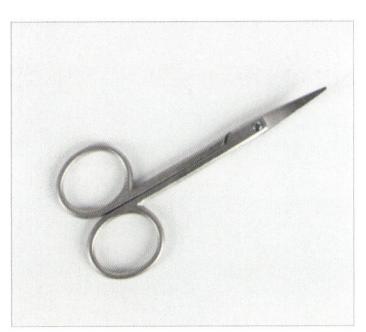
▲ 가위

▲ 속눈썹 펌 글루

▲ 속눈썹 샴푸

▲ 전처리제

▲ 펌지

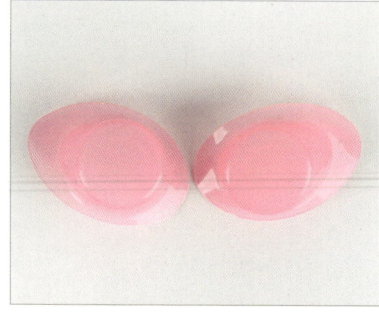
▲ 고글

2 속눈썹 펌 사전 준비

1. 시술자

① 책상 위에 재료를 정리할 흰색 수건을 준비한다.
② 위생쟁반과 도구 트레이를 이용하여 준비물을 가지런히 세팅한다.
③ 위생봉투를 책상에 부착하여 쓰레기를 반드시 수거할 수 있도록 한다.
④ 시술자는 흰색 위생가운을 입고 흰색 마스크와 위생모를 착용한다.

2. 고객

① 시술 전 아이 메이크업을 지운다.
② 눈 및 눈 주변 알레르기 및 질환에 관하여 반드시 체크한다.
③ 고객이 원하는 속눈썹 펌의 디자인을 체크한다.

속눈썹 펌을 위한 카운슬링

속눈썹의 컬을 만들 때 눈, 눈매, 눈 주위 피부의 상태, 건강 상태 등을 사전에 미리 체크한다. 무심코 고객의 상태를 모르고 시술을 하여 트러블의 원인이 될 수 있으므로 충분한 주의가 필요하다. 고객 중에는 알레르기, 눈, 눈 주위의 상태, 눈 주위의 피부 상태에 따라서 충분한 상담 후에 속눈썹 펌 시술 시 다음에 일어날 수 있는 트러블 등의 데미지를 고객에게 설명하고 시술을 할 것인지를 판단해야 한다. 시술자는 다양한 임상과 공부 및 노력이 필요하며, 고객이 자기 판단으로 속눈썹 컬을 원한다 하더라도 불가능할 때에는 확실하게 이유를 설명할 수 있어야 한다. 즉, 거절할 용기 또한 필요하다. 이는 고객과의 트러블을 방지하는데 가장 좋은 방법이라고 할 수 있다.

1 알레르기 및 질환 체크

쌍꺼풀 글루, 속눈썹 펌제 등 제품에 의한 트러블이 나타난 경험이 있는 고객, 아토피가 있는 고객의 경우에는 사전에 패치테스트를 해 반응이 있는지 확인해야 하며, 필요할 시 의사에게 상담받는 것을 권한다. 알레르기는 선천성과 후천성으로 분류되며, 예상치 못하게 알레르기 반응이 나타나기도 한다. 알레르기의 원인인 알레루겐은 외부에서의 것과 내부에 있는 것이 있다. 외부에서의 경우(접촉 등)는 그 즉시 발병하는 경우가 많고, 체내에 있는 알레루겐의 경우는 자신의 체내에 있는 것이 이유이므로 자주 일어나는 알레르기 부위에서 이상 반응이 나타날 때가 많다.

1. 눈 관련 질환
① 녹내장 있는 분은 불가
② 다른 일관성 안질이 있는 분
③ 수술 전·후의 분은 완전 치료 후에 또는 의사에게 상담, 확인을 받는다.
④ 콘택트렌즈 사용자도 주의한다. (반드시 빼고 시술한다.)
⑤ 각막에 작은 상처나 손상이 있는 경우 당일 시술을 하지 않는다.

2. 피부질환

① 눈 주위에 피부질환이 있는 경우, 의사에게 상담을 먼저 받도록 유도한다.

② 피부가 민감 또는 특이 체질인 경우, 패치테스트를 통해 상담을 유도한다.

③ 미용성형 직후 또는 예정이면 성형의 상처 회복 후에 시술을 받도록 한다.

3. 속눈썹이 매우 얇고 약한 분

속눈썹이 매우 얇고 약한 경우, 컬이 제대로 나오지 않거나 자연 속눈썹에 손상이 있을 수 있으므로 사전에 고객에게는 설명하고, 시술 여부를 확인하는 것이 중요하다.

2 카운슬링의 방식

시술 기법, 고객의 건강상태 등에 의한 어떤 증상이 나올 우려 등을 고려하여 차근차근 조사해 지식을 쌓아야 한다. 이상이 없더라도 안구 병의 불안이 있는 고객은 의사에게 상담을 받게 한다.

병세에 따라 가벼운 증상이 있는 경우에는 시술은 가능하지만, 의사의 상담이 끝난 후에 고객의 건강상태가 양호하고, 상호 간의 확인이 확실할 때 시술이 들어가는 것이 중요하다.

속눈썹 펌과 관련하여 공통되게 질문이 나오는 것들은 미리 준비하여 카운슬링에 대응하는 것이 좋으며, 되도록 알기 쉽게 설명하고, 신뢰 관계를 쌓는 것도 매우 중요하다.

1. 주요 질문내용

① 속눈썹 컬에 대해 이해를 하고 있는지

② 눈 주변의 피부 상태에 대해 알고 있는지

③ 현재 의사에게 치료를 받는 부분이 있는지

④ 콘택트렌즈의 착용 유무

⑤ 특이 체질, 알레르기, 가지고 있는 병이 있는지

⑥ 눈의 수술 또는 미용성형(쌍꺼풀 수술) 등을 하고 있는지

⑦ 시술에 관해서 불안한 점이 있는지

⑧ 불안한 점이 있다면 의사에게 상담을 요청할지

⑨ 패치테스트를 요망하는지

2. 속눈썹 펌의 사전 양식 또는 승인서

속눈썹 전문샵에 대한 카운슬링은 고객이 시술을 받게 하기 위한 것이다. 체질의 확인 등 요망 메뉴의 설명이 주를 이루며, 시술자와 고객이 함께 판단하고 시술하는 것이 좋다.

속눈썹 컬을 시술할 때는 전문 사전 양식과 승인서 준비가 필요하다. 시술하기 전에는 카운슬링을 확실히 하고 양식을 기재하며, 고객 본인이 이해한 후에 승인서에 자필 서명을 받아 놓는다.

양식 사용 시 롯드, 양식을 쓴 시간 등을 꼭 기재해야 다음 방문 시에 참고할 수 있다. 또한 양식은 나중에 혹시나 일어날 수 있는 트러블이 있다면 원인을 조사할 때 필요로 하므로 발견된 것을 고객의 상태 등을 반드시 기재해 놓는 것이 좋다. 양식 승낙서(시술 동의서)는 고객과 시술자 간의 기록이므로 꼭 보관해놓도록 한다.

3. 속눈썹 컬 시술을 할 때 주의사항

(1) 제품 관련 주의사항

① 두피용 펌제를 속눈썹에 사용하지 않도록 한다.
② 속눈썹 컬 글루는 눈 주위에 사용 가능한 것만을 사용한다.
③ 속눈썹 컬 크림 역시 속눈썹 전용 제품을 사용하며, 성분, 사용기한을 확인한다.
④ 롯드는 세척과 소독을 해서 반복 사용할 수 있다.
⑤ 사용 후 남은 속눈썹 컬 크림은 재사용하지 않는다. (2~3일 안에 밀봉하여 사용 가능)
⑥ 모든 제품은 서늘한 장소에 보관하며, 개봉 후에는 꼭 밀봉한다. 공기에 닿게 되면 산화가 되기 시작하기 때문이다. 변색 등 변질이 보이면 제품을 사용하지 않는다.
⑦ 모든 제품은 유·소아의 손에 닿지 않는 곳에 보관한다.

(2) 고객 관련 주의사항

① 피부에 이상이 있는 경우 시술하시 않는나.
② 시술 전에는 카운슬링을 실시하여 트러블을 피할 수 있도록 한다.
③ 눈과 눈 주위 피부가 약한 분은 속눈썹 컬 크림에 반응이 있을 수 있으므로 고객에게 알린다.

(3) 시술 상황 관련 주의사항

① 속눈썹이 상할 수 있으므로 연속으로 시술을 하지 않는다.
② 콘택트렌즈를 사용하는 고객은 반드시 렌즈를 뺀 후에 시술한다.
③ 시술 전 눈 주위의 메이크업, 속눈썹 유분기는 꼭 닦아낸다.
④ 속눈썹 컬 크림은 절대 눈에는 들어가지 않게 한다. 만약 눈에 들어갔을 때는 신속히 물 또는 온수로 닦아 씻어내 재시술을 하거나 의사에게 진단을 보이도록 한다.
⑤ 속눈썹 컬 크림을 피부에 부착하게 되면 두드러기의 경우가 있으므로 피부에는 닿지 않게 한다. 피부에 붙였을 때는 신속히 마른 솜이나 마른 브러시로 닦고 물에 묻힌 솜으로 정성껏 닦아 낸다.
⑥ 속눈썹 컬 크림의 사용 지속 기간은 컬 크림의 종류, 모질, 실온 등에 따라 차이가 있다.
⑦ 너무 시간을 소요해 속눈썹 컬 크림을 바르게 되면 속눈썹에 상처가 생길 우려가 있으므로 주의하며 시술한다.
⑧ 착색이 있는 상태 그 부분은 변색할 우려가 있으므로 주의한다.
⑨ 시술 중 이상이 있을 경우는 시술을 중지하고 재빠르게 의사에게 상담을 받게 한다. 후일 이상이 있을 경우도 같다.
⑩ 속눈썹 컬 시술을 받았을 경우 눈 주위를 강하게 씻거나 비비지 않게 고객에게 충분히 전달한다.

4. 트러블 종류에 따른 해결 방법

트러블 종류	해결 방법
속눈썹 끝이 꼬불꼬불하게 시술되었다.	꼬불꼬불한 부분에 복구 펌을 진행한다.
속눈썹 컬 크림을 지나치게 방치하였다.	제1액은 최대 3회 정도 바른다. (원하는 컬링이 나오질 않으면 시간으로 조절한다.)
피부 두드러기가 나타났다.	두드러기가 심할 때는 병원에 간다.
펌제 등의 약품이 눈에 들어갔다.	반드시 물로 헹구고 상황을 설명한 후에 재시술한다.
요청한 컬이 제대로 나오질 않았다.	당일 또는 가까운 다른 날 다시 시술한다.

Eyelashes Curl Counseling Sheet

이름		생년월일	
연락처	※ 이벤트 및 다양한 혜택에 대한 내용을 SMS로 수신하는 것에 동의합니다.( )		
방문경로	□ 지인소개 □ 광고 □ SNS □ 기타( )		
주의사항	패치테스트 필요 유무 □ 필요 □ 불필요		
알레르기	□ 없다 □ 있다(원인:)		
건강상태	1. 콘택트렌즈를 착용하고 계십니까? ① 예(소프트/하드) ② 아니오 2. 속눈썹 영양제, 마스카라 혹은 뷰러를 사용하고 있습니까? ① 예 ② 아니오 3. 속눈썹컬 시술을 받아본 적 있습니까? ① 예 ② 아니오 4. 속눈썹컬 시술을 받아보셨다면, 컬의 상태는 어떠했습니까? ① 컬이 잘 나온다 ② 빨리 풀렸다. ③ 속눈썹끝이 꼬불했다. ④ 두드러기가 있었다. ⑤ 속눈썹이 상했다. ⑥ 눈이 시렸다. ⑦ 기타( ) 5. 평소 눈과 눈 주위 피부 상태는? ① 눈물이 잘 난다. ② 눈꼽이 잘 낀다. ③ 민감하다. ④ 약하다. ⑤ 보통이다. 6. 쌍꺼풀용 글루, 쌍꺼풀테이프 등 화장품 알러지 (두드러기)가 있습니까? ① 예 ② 아니오 7. 피부질환(아토피) 등이 있습니까? ① 예(질환명:) ② 아니오 8. 눈 또는 눈 주위에 염려되는 항목이나 부분이 있습니까? ① 예( ) ② 아니오 9. 모발의 펌은 잘 되는 편입니까? ① 양호 ② 보통 ③ 나쁨		

디자이너 :

고객특성	1. 눈 주위 피부 상태 ① 얇다. ② 살이 많다. ③ 약하다. ④ 발개진다. 2. 두께( ) 길이( ) 3. 기존 속눈썹 상태(탈락여부) L: 앞머리( ) 중간( ) 눈꼬리( ) R: 앞머리( ) 중간( ) 눈꼬리( )

〈1회차〉Date   〈2회차〉Date

온도: ℃	습도: %	온도: ℃	습도: %
〈L〉 컬	〈R〉 컬	〈L〉 컬	〈R〉 컬
1액: 분	1액: 분	1액: 분	1액: 분
2액: 분	2액: 분	2액: 분	2액: 분
특이사항:		특이사항:	

〈3회차〉Date   〈4회차〉Date

온도: ℃	습도: %	온도: ℃	습도: %
〈L〉 컬	〈R〉 컬	〈L〉 컬	〈R〉 컬
1액: 분	1액: 분	1액: 분	1액: 분
2액: 분	2액: 분	2액: 분	2액: 분
특이사항:		특이사항:	

※해당사항이 있을 시, 동의서와 함께 작성해주세요.

라식/라섹	수술명: / 수술시기:
성형/시술	쌍꺼풀( ) 속눈썹이식( ) 필러( ) 기타( )
질병	당뇨( ) 심장질환( ) 백내장( ) 녹내장( )
생리주기	매월 일/ 일 주기
임신여부	개월수: 개월

〈동의서〉

시술자로부터 속눈썹 컬 시술 후 나타날 수 있는 여러 가지 증상이나 부작용에 관한 안내를 충분히 받았으며, 시술 후 나타나는 증세나 현상에 관하여 귀 샵과 시술자는 아무런 책임이 없음에 동의합니다.

           년   월   일   성명: (인)

▶ 고객 상세 주문내역서 ◀

시술내용	기본요금	추가요금	할인	합계	결제
					카/현/계/차감
					카/현/계/차감
					카/현/계/차감
					카/현/계/차감

※모든 시술 비용은 부가세 별도입니다.

※ 원하는 컬의 종류를 체크해주세요.

J   (   )   CC   (   )

JC   (   )   L   (   )

C   (   )   Y   (   )

05 속눈썹 펌의 아름다운 컬링을 위한 필수요소

아름다운 컬링이 나오기 위해서는 펌제의 방치시간이 매우 중요하다. 방치시간은 대부분 브랜드별 펌제마다 다르지만, 제1액 평균 15분 내외, 제2액 평균 5~8분 내외로 방치하게 된다. 온도가 낮을수록 컬이 걸리는 시간이 더디고, 속눈썹 컬 전용 고글, 랩, 열 덮개 등의 사용으로 안정적인 보습, 보온의 유지를 유도하도록 한다.

① **속눈썹 모발의 굵기**
보통 0.7mm를 기준으로 15분을 방치하고, 굵으면 +2분, 얇으면 -2분 정도 방치시간을 조절한다.

② **고객이 원하는 디자인**
컬의 각도가 눈동자 수평에서 30도에서 45도 올라갈수록 +2분 정도 방치시간을 조절한다.

③ **온도**
시술 환경 주변의 온도가 22도에서 25도 일 때 가장 펌이 잘 나오고, 온도가 높으면 -2분, 낮으면 +2분 한다.

④ **습도**
시술 환경 주변의 습도가 45%에서 55%일 경우에 가장 펌이 잘 나오고, 습도가 높을수록 +2분 한다.

⑤ **고글이 미치는 영향**
대부분의 펌제가 외적인 환경요인에 반응하지 않게 출시되고는 있으나 냉난방기와 고객의 피부 온도에 따라서 펌액의 흡수율과 시간이 달라질 수 있으므로 눈 주변에 고글이나 덮개를 사용하여 컬링이 제대로 완성될 수 있도록 돕는다.

온도 \ 모질	강함	보통	연약함
낮다	+2~3분	+-0	-1~2분
보통	+1~3분	+-0	-1~3분
높다	+1~2분	+-0	-1~5분

속눈썹 펌 준비 및 과정

1 시술 전 확인

시술 전에 꼭 주의사항을 잘 읽고 카운슬링을 한다. 카운슬링 등을 마친 후 시술가능한 분에게만 시술을 진행한다.

① 카운슬링 후 양식을 작성한다.
  * 이때 눈, 눈 주위, 눈 주위의 피부 상태, 건강상태를 꼭 확인한다.
② 알레르기의 유무를 확인한다.
  * 피부가 민감한 사람, 알레르기 체질, 특이 체질인 사람의 경우는 패치테스트 또는 전문의의 진단을 받도록 한다. 극단적으로 피부가 약한 사람, 알레르기 체질인 사람의 시술을 다시 한다든지, 도중에 시술을 중지할 때에는 고객에게 모든 것을 말한다.

2 시술 순서

① 웨건에 필요한 재료를 준비한다.
② 기술자, 시술 전에 손 소독을 반드시 한 후에 마스크를 한다.
③ 눈 주위, 속눈썹의 메이크업 클렌징과 유분기를 닦아낸다.
④ 눈매를 파악한 후에 롯드를 선정한다.
⑤ 눈두덩이 위에 롯드를 올려 컬의 높이를 체크한다.
⑥ 속눈썹 펌 글루를 사용해서 롯드에 발라 속눈썹을 부착시킨다.
⑦ 속눈썹 컬 크림인 제1액 방치시간 후에 제2액을 발라 방치시간을 정한 후에 닦아낸다.
⑧ 파마롯드를 눈두덩이에서 제거한 후 속눈썹 샴푸로 헹궈준다.
⑨ 완성할 때 속눈썹 에센스를 발라 속눈썹 전체를 아름답게 마무리한다.

3 속눈썹 컬 시술 전·후에 관한 설명

(1) 시술 전
① 카운슬링을 통해 고객의 건강상태 등을 확인한 후에 요청하는 컬에 대해 대응한다.
② 고객에게 맞는 사이즈의 롯드를 선택하고 속눈썹 컬 전용 글루를 사용해 속눈썹을 하나하나 소중히 붙인다.
③ 속눈썹 컬 크림은 속눈썹에만 바른다. 전용 롯드를 사용하므로 눈에 들어가거나 흘러넘치지 않게 조심한다.
④ 컬이 나오게 하는 시간을 세심히 체크하고 컬을 고정하는 것 또한 주의를 기울인다.
⑤ 속눈썹과 눈 주위를 깨끗하게 클렌징한 후에 마지막 단계에서 속눈썹 에센스를 바른다.

> **T I P**
>
> **속눈썹 펌과 안전성**
> 속눈썹 컬 크림은 안전성을 가장 우선으로 생각하여야 하고, 눈 주위의 피부 자극이 약한 사람이나 알레르기 체질인 경우는 피부에 붙였다 떼었다가 눈에 들어가지 않더라도 "글루"에 화학물질로 인해 눈이 시리거나 반점이 나오는 경우가 있다.
> 반드시 카운슬링 안에 자신의 체질, 알레르기 등의 올바른 정보와 정확한 승낙을 받는다. 또한 카운슬링 도중에 고객의 체질에 맞지 않을 경우에는 시술을 거절할 수 있어야 한다.
>
> **속눈썹 펌의 지속성**
> 속눈썹 펌의 컬은 사람에 따라 차이가 있지만 2~8주 정도 지속된다. 시간이 지남에 따라 고르게 자라지 못하는 것을 확인하게 되고, 새로 나게 되는 모는 컬이 없는 직모의 속눈썹으로 자라난다.

(2) 시술 후 손질
① 컬을 시술받은 당일은 클렌징 성분으로 눈과 속눈썹을 심하게 비비지 않는다. 왜냐하면 컬이 꼬여져 버릴 수 있기 때문이다.
② 시술 후에는 눈 주위를 조심스럽게 씻는 것을 항상 유념한다. 눈 주위를 강하게 씻거나 비비거나 하면 속눈썹이 빠지고 속눈썹의 손상 원인이 된다.
③ 아름다운 속눈썹 컬을 유지하기 위해서는 속눈썹 전용 컬 관리 제품(에센스 등)을 사용하는 것을 권한다.

07 속눈썹 펌 실기

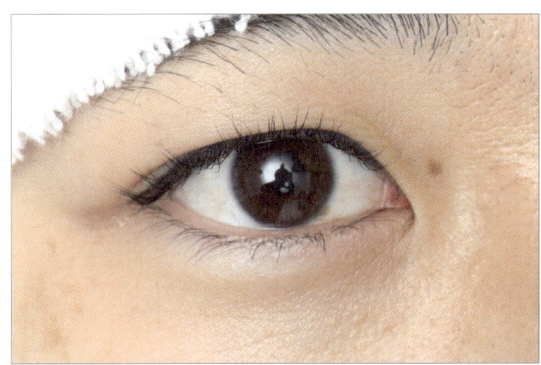

▲ 시술 전 사진

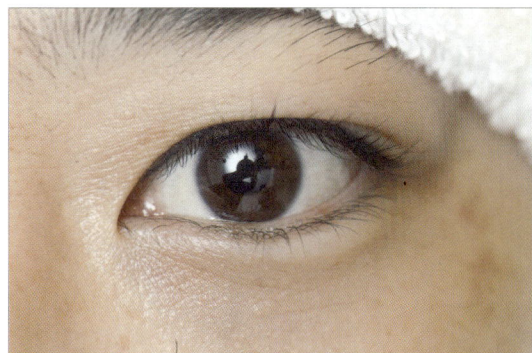

▲ 시술 전 사진

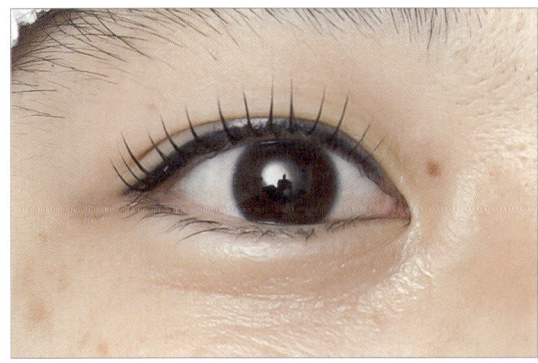

▲ 시술 후 정면

▲ 시술 후 정면

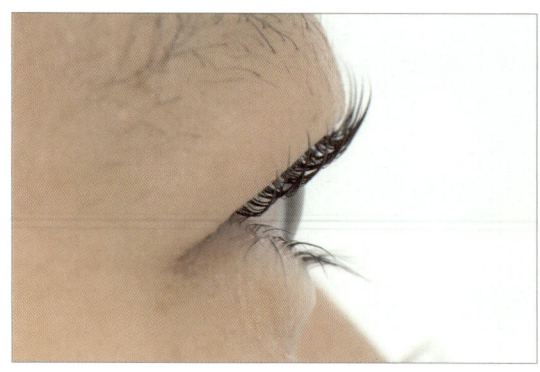
▲ 시술 후 측면

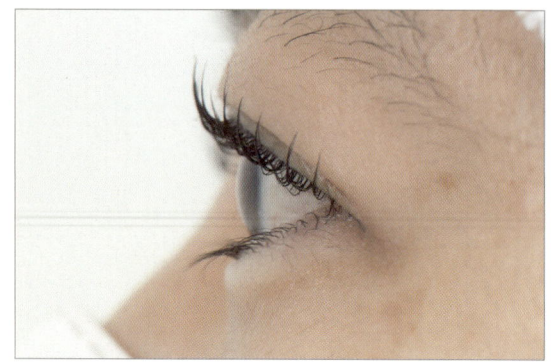
▲ 시술 후 측면

🔷 시술 방법 및 순서

속눈썹 펌의 재료 및 도구를 사용하여 속눈썹 펌 기본형을 완성한다.

① 고객의 눈은 메이크업이 되어 있지 않도록 준비한다.

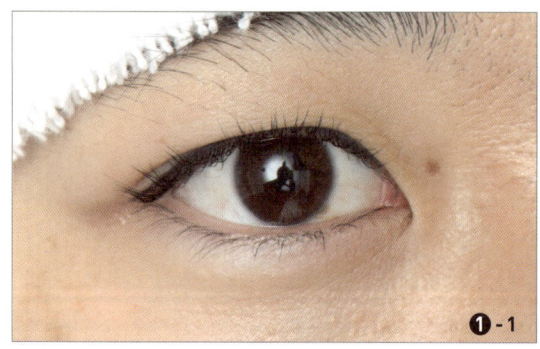
❶-1

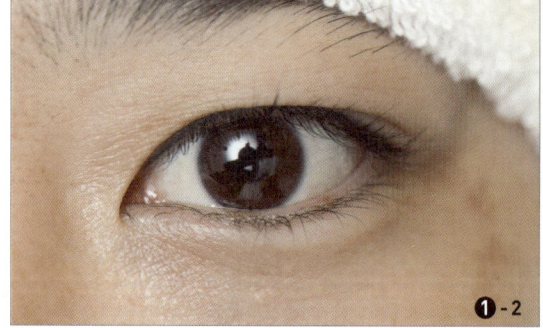
❶-2

② 속눈썹 펌 시술 전 손과 도구류, 작업 부위를 소독한다.

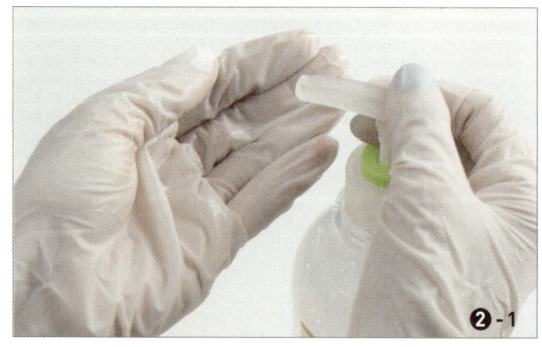
❷-1

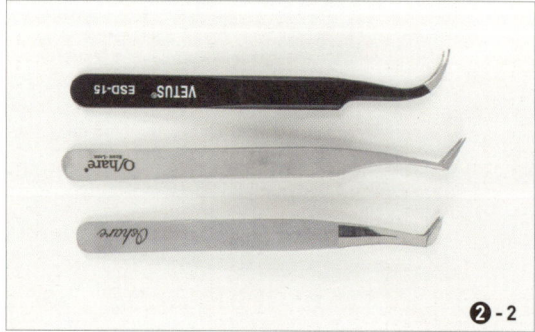
❷-2

③ 5겹솜에 전처리제를 묻혀 눈과 눈두덩이의 유분기를 제거한다.

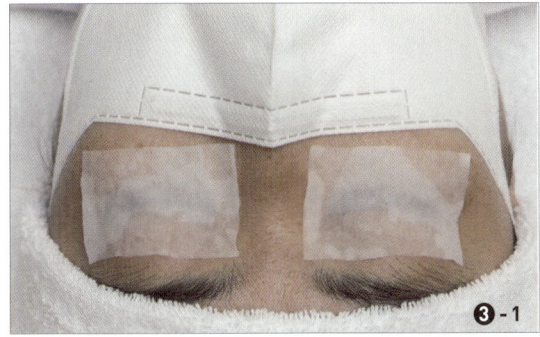
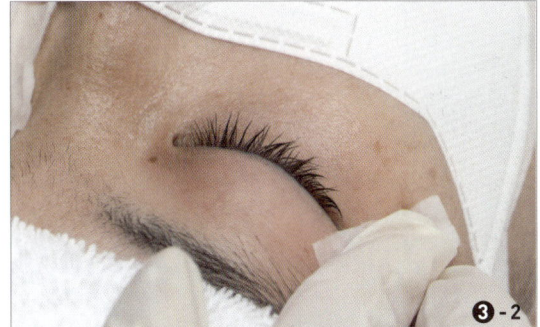

▲ 솜에 전처리제를 묻혀 눈두덩이 위에 10초간 올려두고, 피부결 방향대로 속눈썹과 눈 주변 피부 유분기를 제거해준다.

④ 눈매 및 디자인에 맞는 펌 롯드를 선정한다.
⑤ 아이패치나 테이프를 이용하여 언더속눈썹을 보호해 준다.

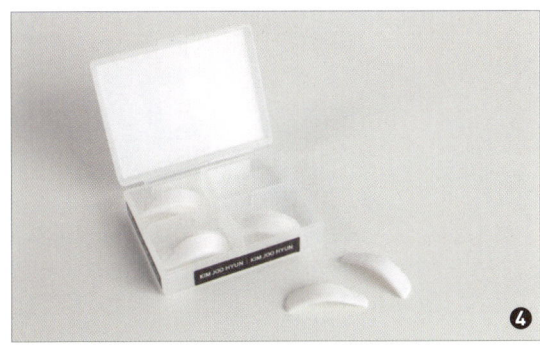
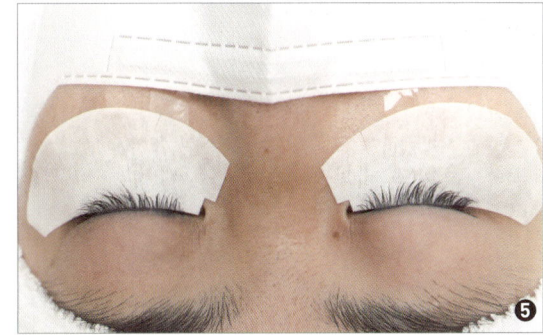

⑥ 속눈썹 펌 글루를 이용하여 롯드에 장착한다.

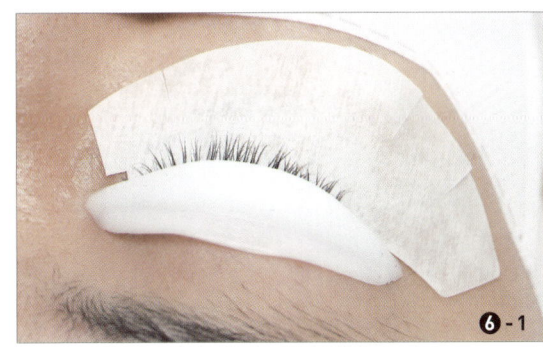
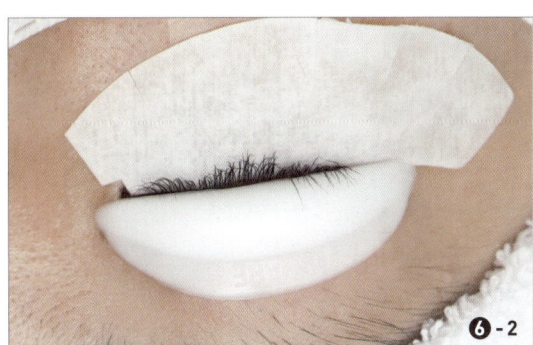

▲ 눈매에 맞는 롯드를 눈두덩이에 올려둔다. 이때 속눈썹의 층을 고려하여 롯드를 배치한다.

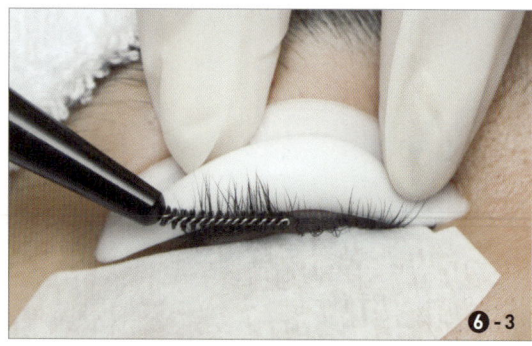
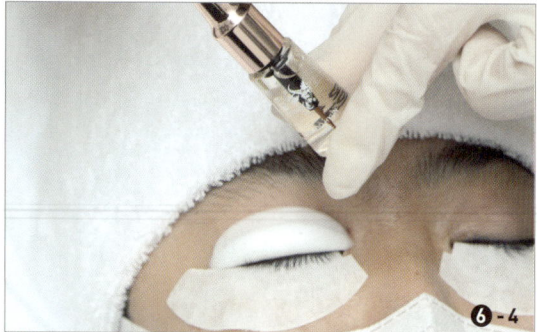

▲ 브러시를 이용하여 속눈썹 길이와 층을 확인한다. 속눈썹 펌 글루를 사용하여 롯드에 속눈썹을 부착한다.

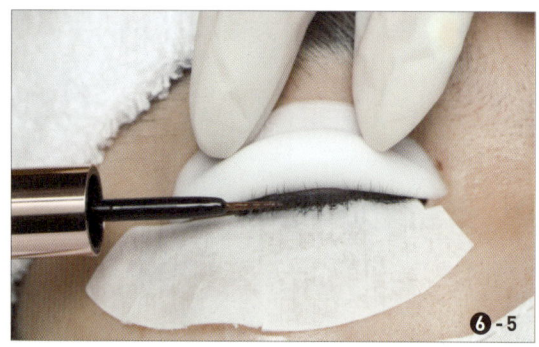
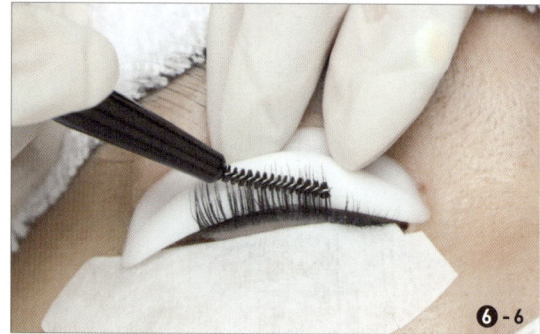

▲ 속눈썹모(毛) 안쪽과 롯드에 펌글루를 바른다. 속눈썹을 롯드에 모근부터 가지런히 붙인다.

▲ 뒷꼬리부터 앞머리까지 속눈썹을 바짝 부착한다.

⑦ 속눈썹모(毛)의 끝을 보호하기 위해 밤(Balm)을 바른다.

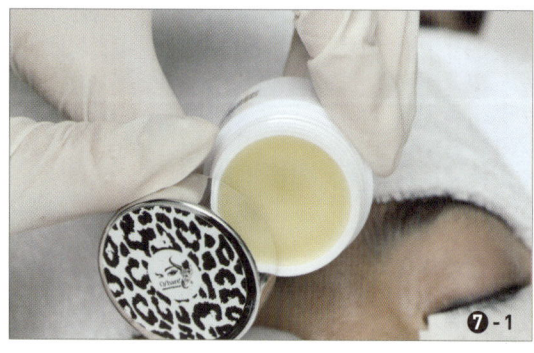
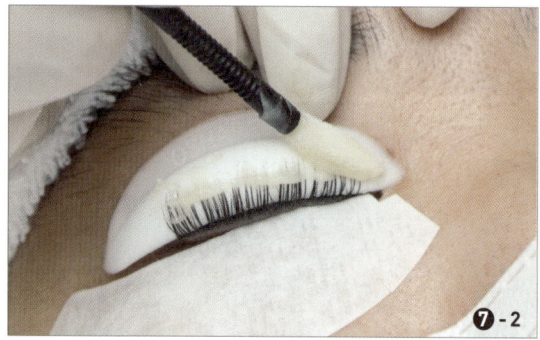

▲ 밤(Balm)을 모발 끝에 발라 준다.

⑧ 연화를 위해 펌 제1액을 도포하고 펌지나 랩으로 고정한 후, 필요하면 고글을 씌워준다. 이때 속눈썹 상태에 따라 연화 시간(약 15분 내외)을 설정하는 것이 좋다.

▲ 속눈썹 연화를 위해 뒷꼬리쪽부터 펌 제1액을 도포한다.

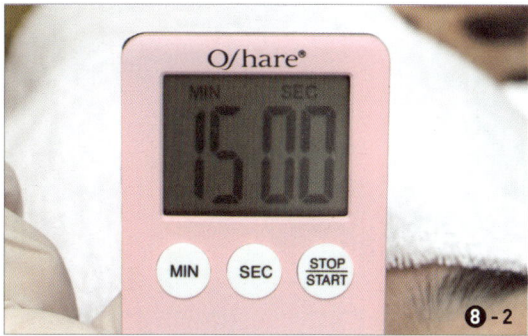

▲ 연화타임은 약 15분 내외로 설정한다. (속눈썹 상태에 따라 결정)

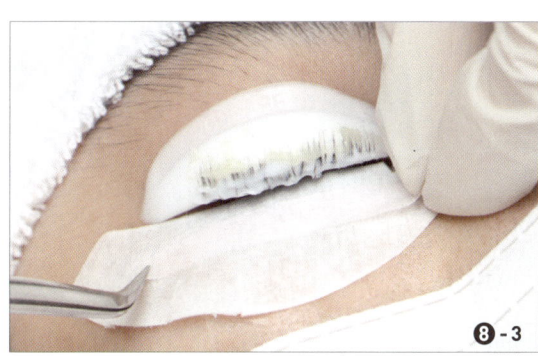

▲ 튕긴 모가 있을 경우 펌지로 고정해 준다.

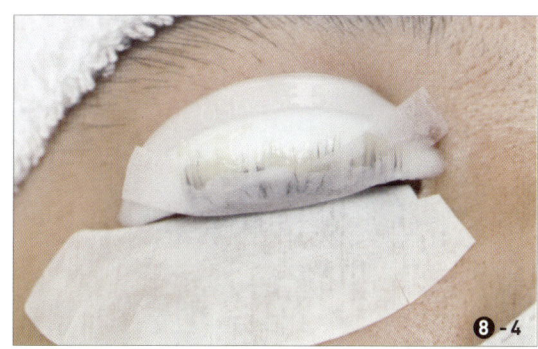

▲ (펌지로 고정한 상태)

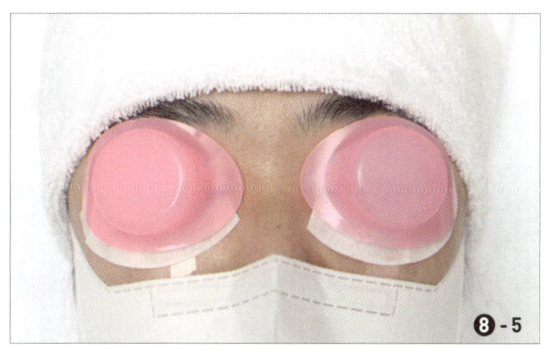

▲ 펌액이 골고루 연화가 되기 위해 고글을 씌워 준다.

⑨ 연화가 끝나면 펌 제1액을 닦아낸다.

⑩ 펌 제2액을 바른다. 이때 산화 시간(약 5분 내외)을 반드시 체크한다.

▲ 연화가 끝나면 미세 브러시를 이용하여 펌 제1액을 닦아낸다.

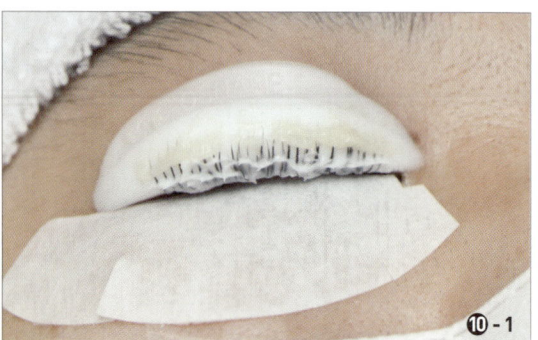

▲ 펌 제2액을 발라 산화를 시작한다.

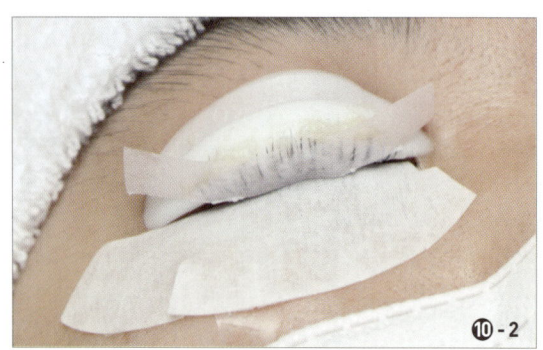

▲ 펌지를 붙여준다.

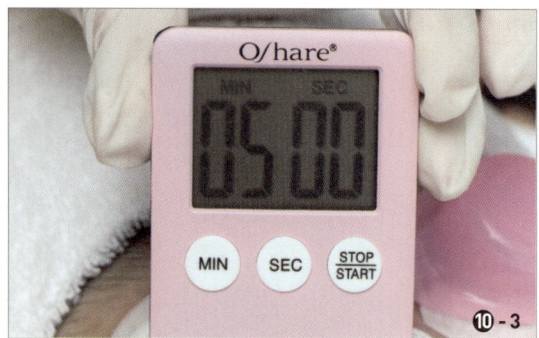

▲ 펌 제2액 산화 시간은 약 5분 내외로 설정한다.
(속눈썹 상태에 따라 결정)

⑪ 펌 제2액을 닦고 샴푸로 깨끗이 헹군다.

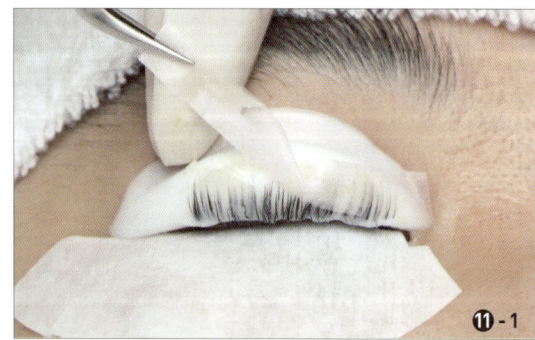

▲ 펌지를 핀셋으로 제거한다.

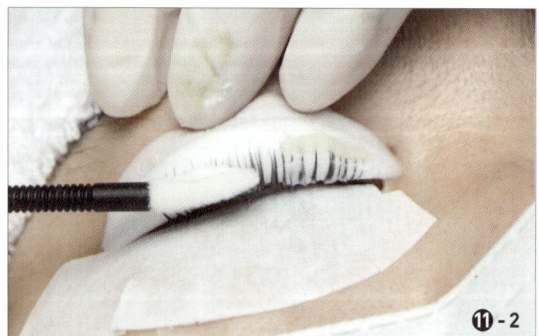

▲ 미세 브러시를 이용해 펌 제2액을 닦는다.

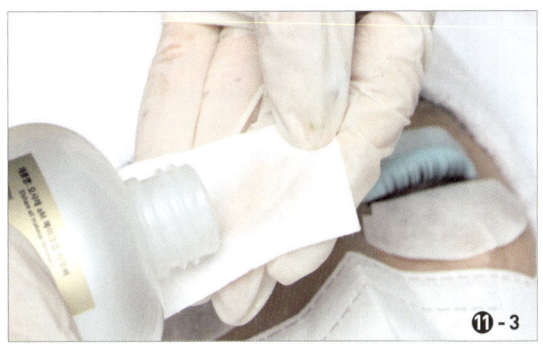
▲ 펌글루를 제거하기 위해 전처리제를 솜에 묻힌다.

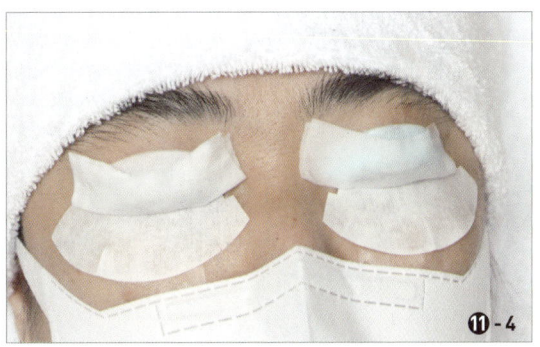
▲ 눈에 10초간 올려둔다.

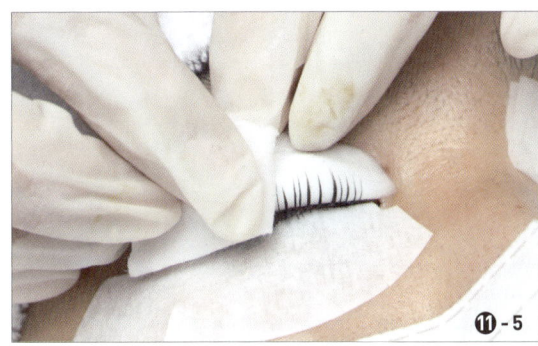
▲ 속눈썹을 닦아준다.

▲ 눈두덩이 위에서 롯드를 제거한다.

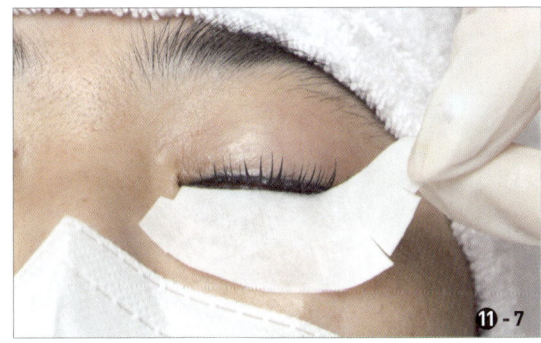
▲ 언더패치를 제거한다.

▲ 속눈썹용 샴푸를 준비한다.

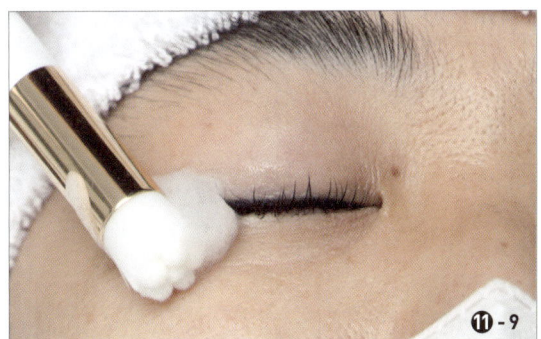
▲ 샴푸 거품을 눈꼬리부터 도포한다.

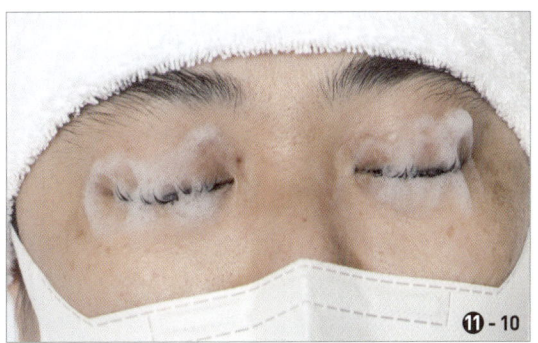
▲ 속눈썹 펌 산화가 끝난 양쪽 눈을 모두 세정한다.

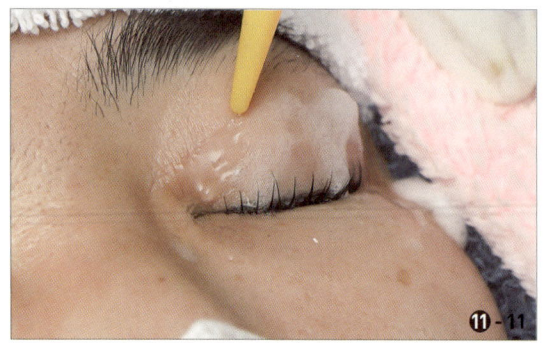
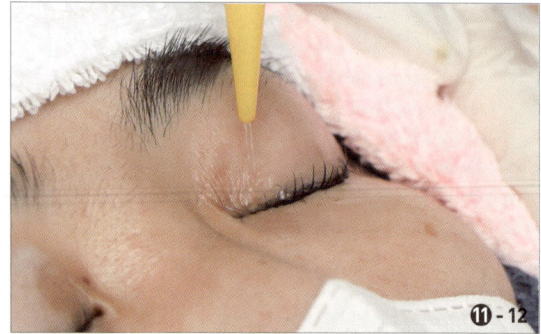

▲ 눈과 눈가 주변을 물로 헹궈준다.

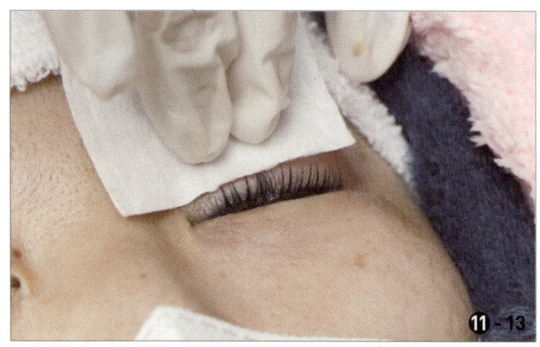

▲ 마른솜으로 물기를 닦아준다.

⑫ 속눈썹 영양제나 픽서를 사용하여 속눈썹결을 정리하고 마무리해준다.

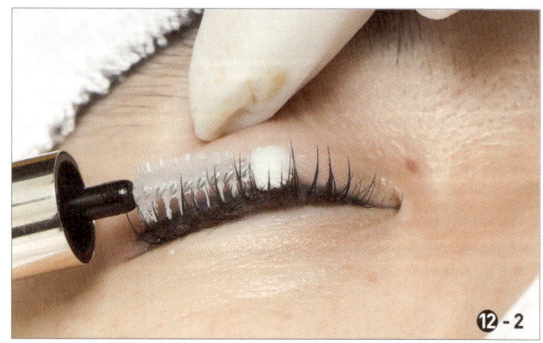

▲ 속눈썹 영양제나 픽서를 준비한다.　　　　▲ 속눈썹결 정리 및 마무리를 한다.

> **TIP**
>
> ### 유의사항
>
> - 시술 전 반드시 손과 모든 도구는 소독한다.
> - 전처리제가 눈에 들어가지 않게 5겹솜이나 마이크로 브러시를 사용한다.
> - 속눈썹 펌 아이패치 혹은 테이프는 눈이 불편하지 않게 부착한다.
> - 속눈썹 펌액이 눈에 들어가지 않도록 주의한다.

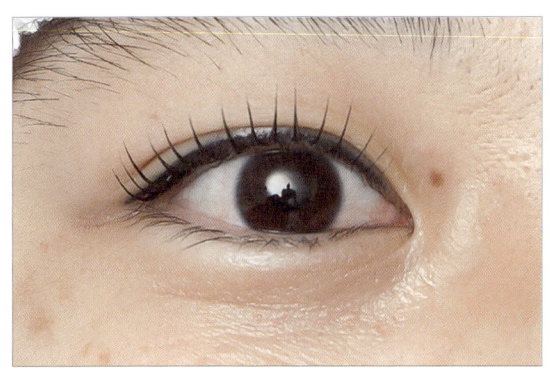
▲ 〈완성〉 오른쪽 눈 정면

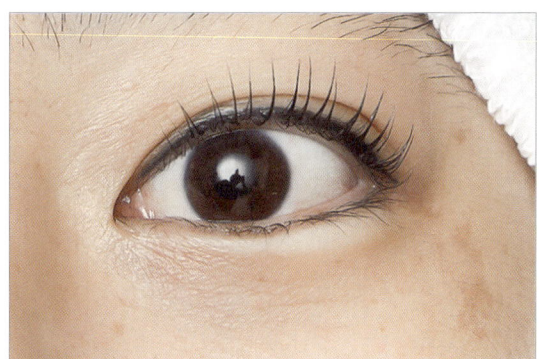
▲ 〈완성〉 왼쪽 눈 정면

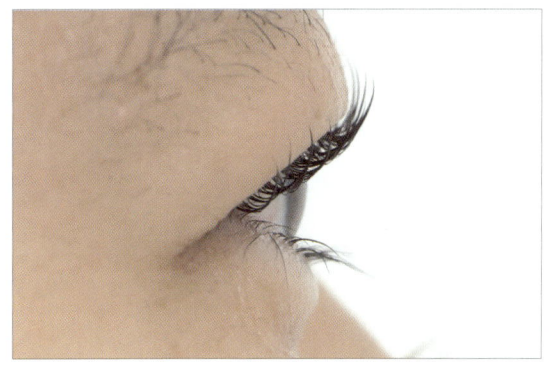
▲ 〈완성〉 오른쪽 눈 측면

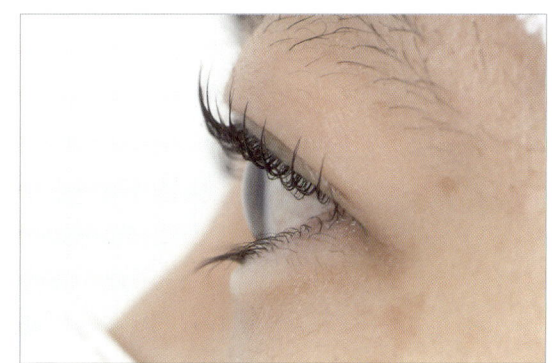
▲ 〈완성〉 왼쪽 눈 측면

속눈썹
디자인

[부록]

미용사(메이크업) 실기시험(4과제)

속눈썹 연장

부록에서는 미용사(메이크업) 국가기술자격실기시험의 제4과제 속눈썹 연장에 관하여 알아본다. 주어진 시간(25분) 안에 왼쪽 눈의 속눈썹 연장과 오른쪽 눈의 속눈썹 연장을 완성할 수 있도록 한다.

미용사(메이크업) 국가기술자격 제4과제 속눈썹 연장

출처: 큐넷(www.q-net.or.kr)

| 속눈썹 연장 재료 목록 |

번호	지참 공구명	규격	단위	수량	비고
1	위생가운	긴팔 또는 반팔, 흰색	개	1	시술자용 (1회용 불가)
2	소독제	액상 또는 젤	개	1	도구·피부 소독용
3	탈지면 용기	-	개	1	뚜껑이 있는 용기
4	탈지면 (미용솜)	-	개	필요량	-
5	미용티슈	-	개	필요량	미용용
6	위생봉투 (투명비닐)	-	개	1	쓰레기 처리용, 고정용 테이프 포함
7	글루	공인인증기관으로부터 자가번호 부여받은 제품	개	1	공인인증제품
8	글루판	-	개	1	속눈썹 관리용
9	속눈썹(J컬)	J컬 타입 (8, 9, 10, 11, 12mm)	세트	필요량	두께 0.15~0.2mm
10	마네킹 (5~6mm 인조속눈썹이 50가닥 이상이 부착된 상태)	얼굴 단면용	개	1	속눈썹 관리용 (홀더 지참 가능)
11	핀셋	-	개	2	속눈썹 관리용
12	아이패치	속눈썹 관리용	개	1	흰색, 테이프 불가
13	우드 스파츌라	속눈썹 관리용	개	필요량	속눈썹 관리용 미사용품
14	전처리제	속눈썹 관리용	개	1	속눈썹 관리용
15	속눈썹 빗	속눈썹 관리용	개	1	속눈썹 관리용
16	속눈썹 접착제	공인인증기관으로부터 자가번호 부여받은 제품	개	1	공인인증제품
17	속눈썹 판	-	개	1	속눈썹 관리용

자격종목	미용사(메이크업)	과제명	속눈썹 익스텐션 (왼쪽)

※ 시험시간: 25분

1. 요구사항

※ 지참재료 및 도구를 사용하여 아래의 요구사항에 따라 속눈썹 연장술을 시험시간 내에 완성하시오.

가. 5~6mm의 인조속눈썹이 부착된 마네킹을 준비하시오.
나. 과제를 수행하기 전 수험자의 손 및 도구류와 마네킹의 작업부위를 소독한 후 적절한 위치에 아이패치를 부착하시오.
다. 일회용 도구를 사용하여 전처리제를 균일하게 도포하시오.
라. 연장하는 속눈썹은 J컬 타입으로 길이 8, 9, 10, 11, 12mm, 두께 0.15~0.2mm의 싱글모를 사용하시오.
마. 제시된 도면과 같이 전체적으로 중앙이 길어 보이는 라운드형(부채꼴 디자인)의 속눈썹 익스텐션(왼쪽)을 완성하시오.
바. 마네킹에 부착된 속눈썹 한 개당 하나의 속눈썹(J컬)만 연장하시오.
사. 5가지 길이(8, 9, 10, 11, 12mm)의 속눈썹(J컬)을 모두 사용하여 자연스러운 디자인이 되도록 완성하시오.
아. 모근에서 1~1.5mm를 반드시 떨어뜨려 부착하시오.
자. 왼쪽 인조속눈썹에 최소 40가닥 이상의 속눈썹(J컬)을 연장하시오(단, 눈 앞머리 부분의 속눈썹 2~3가닥은 연장하지 마시오).

2. 수험자 유의사항

1) 마네킹은 속눈썹 연장이 되어 있지 않은 인조속눈썹만 부착되어 있는 상태이어야 합니다.
2) 핀셋 등의 도구류를 사용 전 소독제로 소독해야 합니다.
3) 전처리제가 눈에 들어가지 않도록 나무 스파츌라를 속눈썹 아래에 받져서 작업하시오.
4) 속눈썹 연장용 아이패치 이외의 테이프류 및 인증이 되지 않은 글루는 사용할 수 없습니다.
5) 마네킹의 왼쪽 인조속눈썹에만 작업하시오.
6) 작업 시 연장하는 속눈썹(J컬)을 신체부위(손등, 이마 등)에 올려놓고 사용할 수 없습니다.

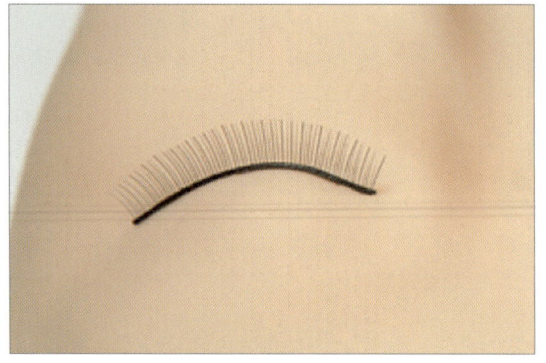
▲ 속눈썹 연장 전 마네킹 준비 상태

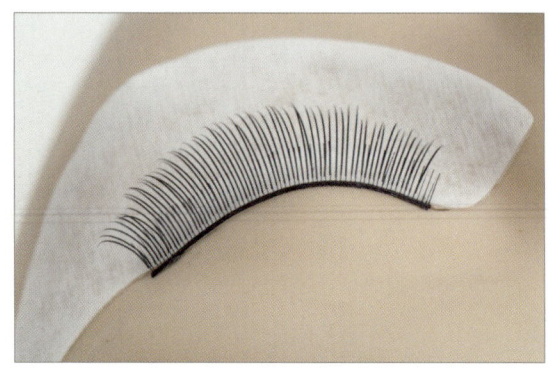
▲ 완성 상태(왼쪽)

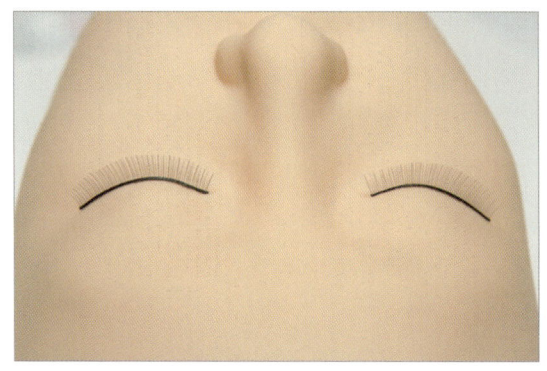
1. 5~6mm의 인조속눈썹이 부착된 마네킹을 준비한다.

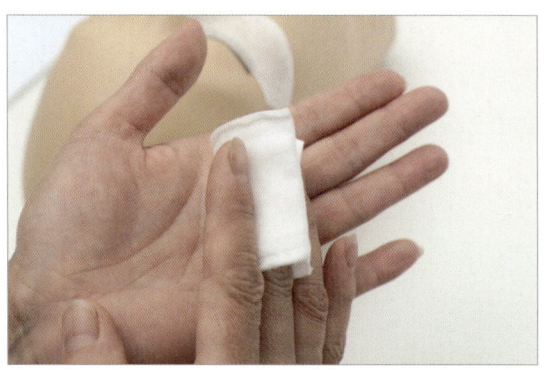
2. 과제를 수행하기 전 수험자의 손 및 도구류와 마네킹의 작업부위를 소독한다.

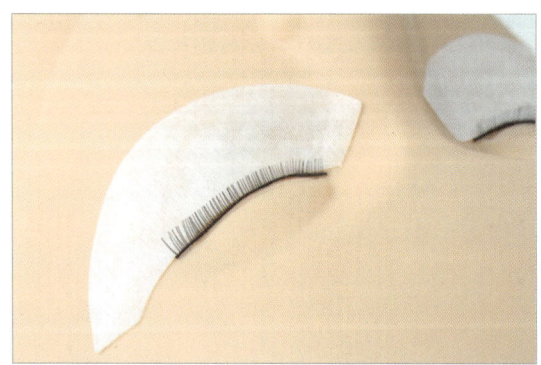
3. 적절한 위치에 아이패치를 부착한다.

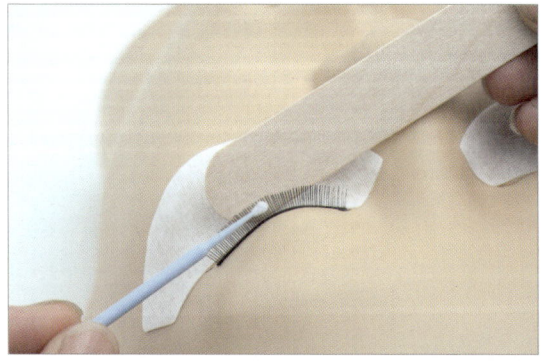
4. 일회용 도구를 사용하여 전처리제를 균일하게 도포한다.

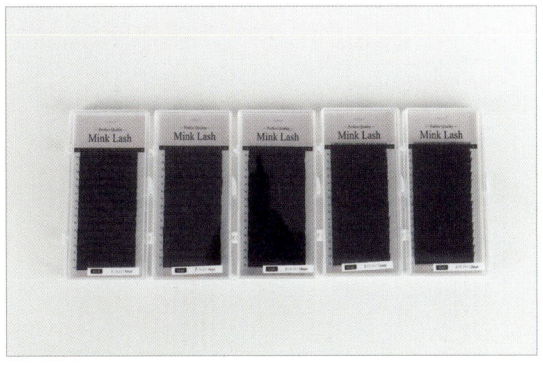

5. 연장하는 속눈썹은 J컬 타입으로 길이 8, 9, 10, 11, 12mm, 두께 0.15~0.2mm의 싱글모를 준비한다.

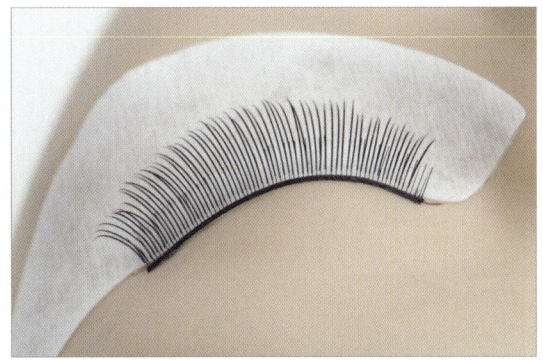

6. 제시된 도면과 같이 전체적으로 중앙이 길어 보이는 라운드형(부채꼴 디자인)의 속눈썹 익스텐션(왼쪽)을 완성한다.

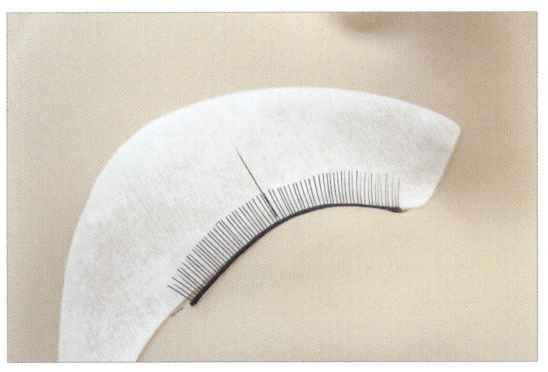

7. 인조속눈썹의 중앙에 12mm의 가모로 기준을 잡아준다. 이때 모근에서 1~1.5mm를 반드시 떨어뜨려 부착하도록 한다.

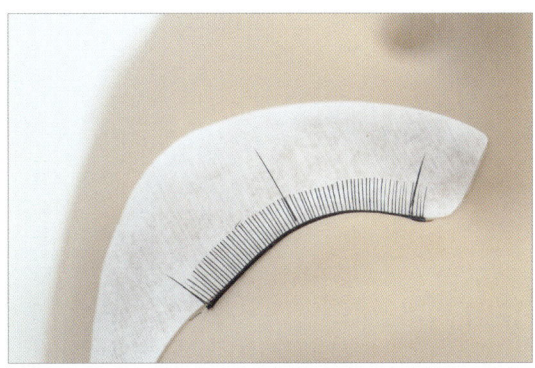

8. 인조속눈썹 앞머리 2~3가닥에는 가모를 붙이지 않으며, 맨 앞은 8mm로 시술한다. 눈꼬리는 9mm로 시술한다.

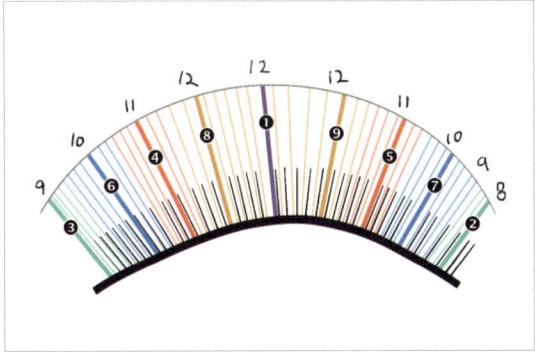

9. 5가지 길이(8, 9, 10, 11, 12mm)의 속눈썹(J컬)을 모두 사용하여 부채꼴 형태가 되도록 기준점을 잡아준다.

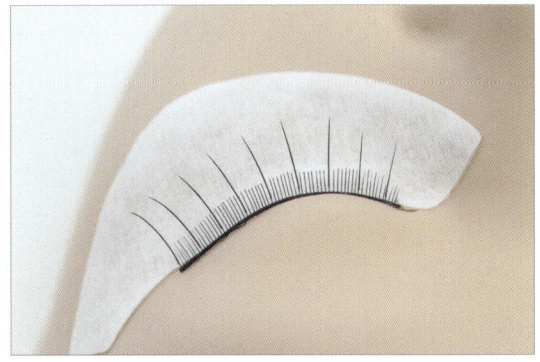

10. 마네킹에 부착된 속눈썹 한 개당 하나의 속눈썹(J컬)만 연장한다.

11. 기준점 길이별로 자연스러운 디자인이 되도록 속눈썹을 연장한다.

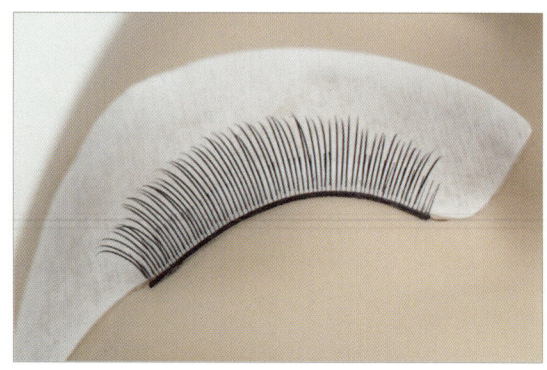

12. 완성
   (최소 40가닥 이상의 속눈썹(J컬)을 연장)

| 자격종목 | 미용사(메이크업) | 과제명 | 속눈썹 익스텐션 (오른쪽) |

※ 시험시간: 25분

1. 요구사항

※ 지참재료 및 도구를 사용하여 아래의 요구사항에 따라 속눈썹 연장술을 시험시간 내에 완성하시오.

가. 5~6mm의 인조속눈썹이 부착된 마네킹을 준비하시오.
나. 과제를 수행하기 전 수험자의 손 및 도구류와 마네킹의 작업부위를 소독한 후 적절한 위치에 아이패치를 부착하시오.
다. 일회용 도구를 사용하여 전처리제를 균일하게 도포하시오.
라. 연장하는 속눈썹은 J컬 타입으로 길이 8, 9, 10, 11, 12mm, 두께 0.15~0.2mm의 싱글모를 사용하시오.
마. 제시된 도면과 같이 전체적으로 중앙이 길어 보이는 라운드형(부채꼴 디자인)의 속눈썹 익스텐션(오른쪽)을 완성하시오.
바. 마네킹에 부착된 속눈썹 한 개당 하나의 속눈썹(J컬)만 연장하시오.
사. 5가지 길이(8, 9, 10, 11, 12mm)의 속눈썹(J컬)을 모두 사용하여 자연스러운 디자인이 되도록 완성하시오.
아. 모근에서 1~1.5mm를 반드시 떨어뜨려 부착하시오.
자. 오른쪽 인조속눈썹에 최소 40가닥 이상의 속눈썹(J컬)을 연장하시오(단, 눈 앞머리 부분의 속눈썹 2~3가닥은 연장하지 마시오).

2. 수험자 유의사항

1) 마네킹은 속눈썹 연장이 되어 있지 않은 인조속눈썹만 부착되어 있는 상태이어야 합니다.
2) 핀셋 등의 도구류를 사용 전 소독제로 소독해야 합니다.
3) 전처리제가 눈에 들어가지 않도록 나무 스파츌라를 속눈썹 아래에 받쳐서 작업하시오.
4) 속눈썹 연장용 아이패치 이외의 테이프류 및 인증이 되지 않은 글루는 사용할 수 없습니다.
5) 마네킹의 오른쪽 인조속눈썹에만 작업하시오.
6) 작업 시 연장하는 속눈썹(J컬)을 신체부위(손등, 이마 등)에 올려놓고 사용할 수 없습니다.

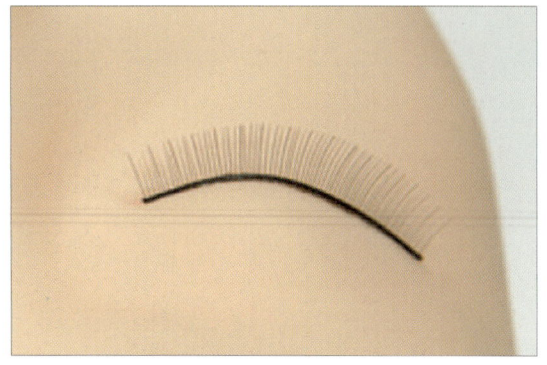

▲ 속눈썹 연장 전 마네킹 준비 상태

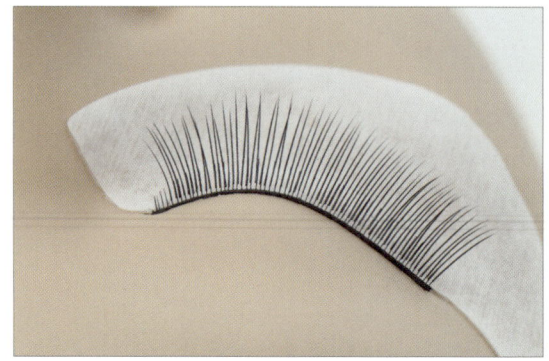

▲ 완성 상태(오른쪽)

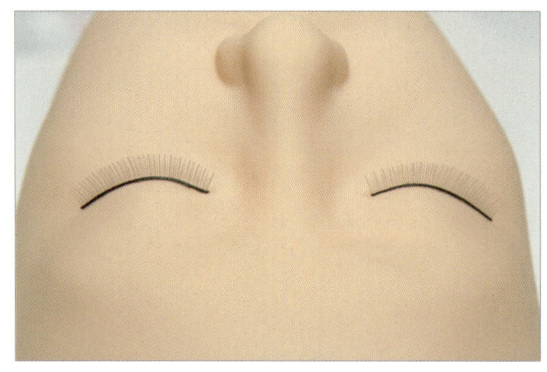

1. 5~6mm의 인조속눈썹이 부착된 마네킹을 준비한다.

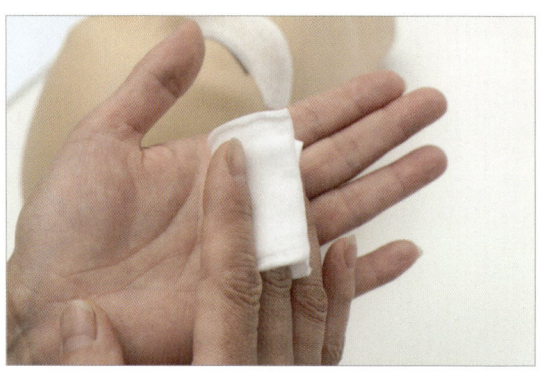

2. 과제를 수행하기 전 수험자의 손 및 도구류와 마네킹의 작업부위를 소독한다.

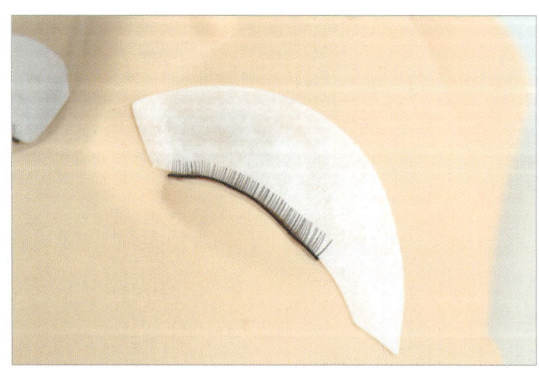

3. 적절한 위치에 아이패치를 부착한다.

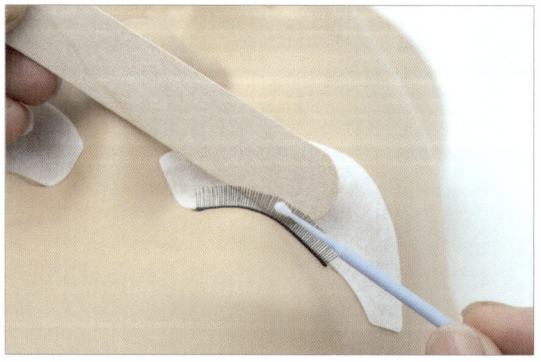

4. 일회용 도구를 사용하여 전처리제를 균일하게 도포한다.

5. 연장하는 속눈썹은 J컬 타입으로 길이 8, 9, 10, 11, 12mm, 두께 0.15~0.2mm의 싱글모를 준비한다.

6. 제시된 도면과 같이 전체적으로 중앙이 길어 보이는 라운드형(부채꼴 디자인)의 속눈썹 익스텐션(오른쪽)을 완성한다.

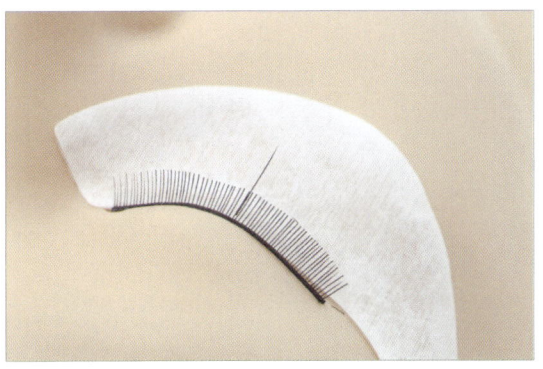

7. 인조속눈썹의 중앙에 12mm의 가모로 기준을 잡아준다. 이때 모근에서 1~1.5mm를 반드시 떨어뜨려 부착하도록 한다.

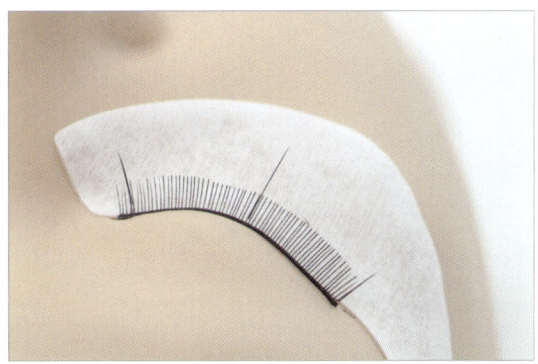

8. 인조속눈썹 앞머리 2~3가닥에는 가모를 붙이지 않으며, 맨 앞은 8mm로 시술한다. 눈꼬리는 9mm로 시술한다.

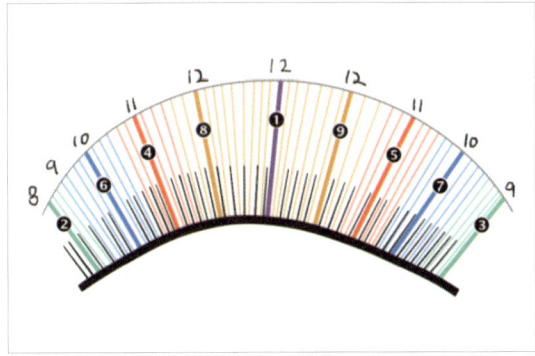

9. 5가지 길이(8, 9, 10, 11, 12mm)의 속눈썹(J컬)을 모두 사용하여 부채꼴 형태가 되도록 기준점을 잡아준다.

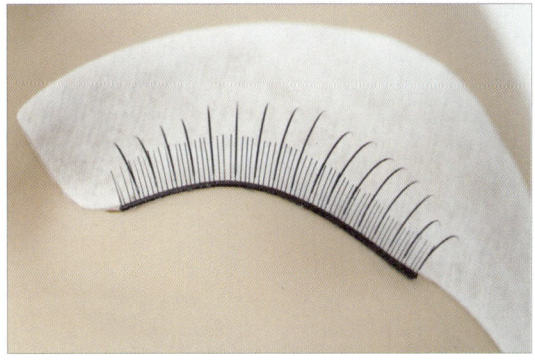

10. 마네킹에 부착된 속눈썹 한 개당 하나의 속눈썹(J컬)만 연장한다.

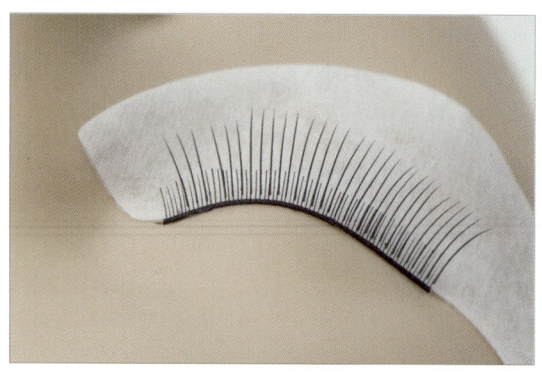 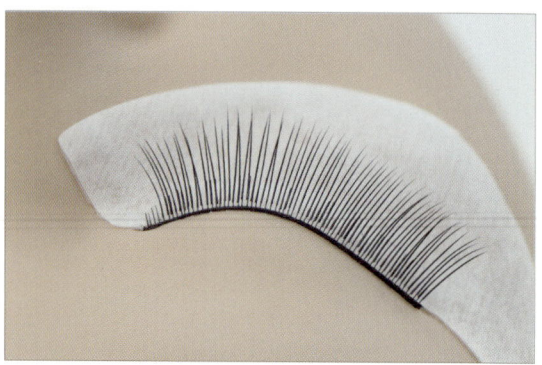

11. 기준점 길이별로 자연스러운 디자인이 되도록 속눈썹을 연장한다.

12. 완성
    (최소 40가닥 이상의 속눈썹(J컬)을 연장)

참고자료

뷰티색채학 / 박효원, 송서현, 유한나 공저 (성안당, 2019)

뷰티션 매거진 「속눈썹. 시대별 역사 총정리」 (2018년 9월호)

합격보장 미용사 메이크업 필기(2021) / 유한나 외 4인 (성안당, 2021)

NCS 기반 기본 메이크업 / 송서현, 유한나, 윤오선 공저 (진샘미디어, 2018)

속눈썹(Eyelashes) 미용이 물체 인식과 시력에 미치는 영향 / 한국인체미용예술학회 / 안소정(2005)

우리나라 여성의 마스카라 이용 실태에 관한 연구 / 한성대학교 석사학위논문 / 이강아(2003)

네이버 지식백과(https://terms.naver.com)

두산백과(http://www.doopedia.co.kr)

서울대학교 병원 의학정보(http://www.snuh.org/)

이데일리 뉴스, 「화장품 원조를 찾아서」(https://m.news.zum.com/articles/36546794)

위키백과(https://ko.wikipedia.org/)

픽사베이(https://pixabay.com/)

큐넷(www.q-net.or.kr)

속눈썹 뷰티 디자이너를 위한

속눈썹 디자인

2023. 5. 17. 초 판 1쇄 인쇄
2023. 5. 24. 초 판 1쇄 발행

지은이 | 유한나, 김성희, 한승희, 김주현
펴낸이 | 이종춘
펴낸곳 | BM (주)도서출판 성안당

주소 | 04032 서울시 마포구 양화로 127 첨단빌딩 3층(출판기획 R&D 센터)
      10881 경기도 파주시 문발로 112 파주 출판 문화도시(제작 및 물류)
전화 | 02) 3142-0036
      031) 950-6300
팩스 | 031) 955-0510
등록 | 1973. 2. 1. 제406-2005-000046호
출판사 홈페이지 | www.cyber.co.kr
ISBN | 978-89-315-5989-7 (13590)
정가 | 19,000원

이 책을 만든 사람들
책임 | 최옥현
기획 · 진행 | 최동진
교정 · 교열 | 최동진
본문 · 표지 디자인 | 상:想 company
사진 촬영 | 도영찬
일러스트 | 박민지
홍보 | 김계향, 유미나, 이준영, 정단비, 김주승
국제부 | 이선민, 조혜란
마케팅 | 구본철, 차정욱, 오영일, 나진호, 강호묵
마케팅 지원 | 장상범
제작 | 김유석

이 책의 어느 부분도 저작권자나 BM (주)도서출판 성안당 발행인의 승인 문서 없이 일부 또는 전부를 사진 복사나 디스크 복사 및 기타 정보 재생 시스템을 비롯하여 현재 알려지거나 향후 발명될 어떤 전기적, 기계적 또는 다른 수단을 통해 복사하거나 재생하거나 이용할 수 없음.

■ 도서 A/S 안내

성안당에서 발행하는 모든 도서는 저자와 출판사, 그리고 독자가 함께 만들어 나갑니다.
좋은 책을 펴내기 위해 많은 노력을 기울이고 있습니다. 혹시라도 내용상의 오류나 오탈자 등이 발견되면 "좋은 책은 나라의 보배"로서 우리 모두가 함께 만들어 간다는 마음으로 연락주시기 바랍니다. 수정 보완하여 더 나은 책이 되도록 최선을 다하겠습니다.
성안당은 늘 독자 여러분들의 소중한 의견을 기다리고 있습니다. 좋은 의견을 보내주시는 분께는 성안당 쇼핑몰의 포인트(3,000포인트)를 적립해 드립니다.
잘못 만들어진 책이나 부록 등이 파손된 경우에는 교환해 드립니다.